[美] 扎克·弗里德曼 ○著　舒建广 ○译

柠檬水式生活

高段位人生精进 5 法则

P
R
I
M
S

中国出版集团　现代出版社

版权登记号：01-2020-7489

图书在版编目（CIP）数据

柠檬水式生活：高段位人生精进5法则 / (美) 扎克·
弗里德曼著；舒建广译. -- 北京：现代出版社，2020.11
ISBN 978-7-5143-8912-8

Ⅰ.①柠… Ⅱ.①扎… ②舒… Ⅲ.①成功心理 – 通
俗读物 Ⅳ.①B848.4-49

中国版本图书馆CIP数据核字（2020）第230558号

柠檬水式生活：高段位人生精进5法则

著　　　者　　［美］扎克·弗里德曼
责任编辑　　姜　军
出版发行　　现代出版社
地　　　址　　北京市安定门外安华里504号
邮政编码　　100011
电　　　话　　(010) 64267325
传　　　真　　(010) 64245264
网　　　址　　www.1980xd.com
电子邮箱　　xiandai@vip.sina.com
印　　　刷　　天津创先河普业印刷有限公司
开　　　本　　880 mm×1230 mm　1/32
印　　　张　　12.25
字　　　数　　205千字
版　　　次　　2021年2月第1版　2021年2月第1次印刷
国际书号　　ISBN 978-7-5143-8912-8
定　　　价　　49.00元

业内赞誉

"对处于任何职业（或生活）阶段的人们来说，这都是一本实用、真诚和充满智慧的书籍。"

——《纽约时报》畅销书《市场营销》作者　赛斯·戈丁

"扎克·弗里德曼是一位鼓舞人心的新一代领导者。在《柠檬水式生活》这本书中，扎克清楚明了地向你展示了如何改变你的观点和行为习惯，以便拥有更加远大的生活目标。如果你想体验强大的转变，就来读这本书吧。"

——《纽约时报》畅销书《自律力》《魔劲》《成功人士如何获得更大的成功》作者　马歇尔·古德史密斯

"研究结果表明,心态和自信心非常重要,会对你的长期成功产生深远影响。《柠檬水式生活》通过一些观点和案例,再三告诉你:只要你保持积极向上和勇敢尝试的生活态度,改变是完全可能的。"

——《纽约时报》畅销书《巨大潜力和幸福优势》

作者　肖恩·埃科尔

"改变,首先是观点的改变。说起来容易,但做起来难。在《柠檬水式生活》一书中,扎克·弗里德曼向我们展示了该如何做出持久性的改变。你可以从该书中获得务实且鼓舞人心的建议。《柠檬水式生活》一书不愧为生活游戏的改变者。"

——通用电气公司前高级副总裁,《先见之明:勇气、创造力与改变的力量》作者　贝丝·科姆斯托克

"扎克·弗里德曼拥有蒂姆·费里斯般的头脑和加里·韦纳查克般的激情。《柠檬水式生活》一书是企业家和领导者的年度必读书籍，它将改变你看待世界的方式。"

——来福车公司首席财务官　布莱恩·罗伯茨

"扎克·弗里德曼的新书《柠檬水式生活》是一本可读性极强的行动指导手册，能够指引你走上通往成功和幸福的道路。与其他许多书籍不同的是，对于该如何踏上柠檬水式生活的道路，明天、后天乃至之后具体该做什么，扎克都给出了详尽的建议。"

——嘉信理财前首席执行官，《纽约时报》畅销书《未雨绸缪：如何突破障碍引领变革》作者　戴维·S.波特拉克

"《柠檬水式生活》一书所传达的信念让我产生了强烈的共鸣：'每个人都有机会创造非凡。'而这一点也是其他书籍所频繁提起的。《柠檬水式生活》一书发人深省、引人入胜，对于想要寻求做出积极改变的人们来说，是颇具吸引力的。"

——百胜品牌联合创始人、退休董事长兼首席执行官，
oGoLead首席执行官，《纽约时报》畅销书第一名
《带大家一起走》作者　大卫·诺瓦克

献给萨拉、查利和德鲁

你们是我生活中的阳光和柠檬水

前 言
Preface

停！如果你属于以下情形，请不要阅读本书

生活完美无缺，不需要做出任何改变。

想一夜暴富。

希望生活中的难题明天一大早就会烟消云散。

喜欢形式胜于实质。

连五件简单的事情都做不了。

不喜欢柠檬水。

目 录
CONTENTS

掌控自己的命运，否则其他人便会去控制它。

——杰克·韦尔奇

引　言

与沃伦·巴菲特共进午餐

像6岁孩童那样吃饭

现在是内布拉斯加州奥马哈市中午12时35分，我正和沃伦·巴菲特共进午餐。我们就餐的地方叫皮科洛餐厅，它是巴菲特喜欢的餐厅之一。他也曾和比尔·盖茨在此共进晚餐。不知何故，我发现巴菲特的漂浮沙士（一种冰激凌根汁汽水）明显多些，或许这与地域有关。毕竟，这是在他家乡的土地上，而且他是沃伦·巴菲特。

2016年，eBay（一家线上拍卖及购物网站）上有一名竞标者曾以3 456 789美元（按1美元约为6.7元人民币）的出价竞得了与这位"奥马哈先知"共进午餐的机会[1]。而现在，买单的却是巴菲特本人。上午早些时候在伯克希尔·哈撒韦公司总部，巴菲特盛情款待了我和我的沃顿商学院的同学们。在那几小时里，巴菲特坦率而又直接地回答了我们提出的每一个问题，偶尔还展露出他那犀利的幽默感。

巴菲特指着房间后面的可口可乐，风趣地说："伯克希尔持有比8%多一点的可口可乐股份，所以我们的利润正好是那12罐可乐里面的1罐。我不关心你们会不会喝它，而只关心你们会不会打开饮料罐。请吧，如果你们愿意。"

我们都试图从巴菲特那无限的智慧中学习些什么，都期待听一听他对经济、投资和商业的看法。然而我越听越明白，他真正的智慧并非在商业，更多的是在如何按照自己的意愿过上有目标的生活，享受喜欢的东西，比如漂浮沙士。

巴菲特对他此生中取得的所有成就表示了极大的感激之情，而且庆幸自己仍旧活着。他不想给任何人留下什么深刻印象，也不想和其他人一样失去自我。他通过对工作、慈善、桥牌的热爱，以及对垃圾食品的偏爱（对于这点，他把自己比作一个6岁孩童[2]）来获取最大的快乐。沃伦·巴菲特知道自己是谁，而且他很享受做自己。

午餐后，巴菲特摆好姿势，同大家拍了很多张照片。不是那种大家排成一排，他在最后时刻出现在中间位置的标准的集体照，而是他摆好姿势，同在场的每个人单独合影留念。这花了他将近两小时，而且现场没有保镖或助理。他不欠我们大家任何东西，却对大家友善有加，丝毫不吝惜自己的时间。

午餐结束后，巴菲特走向他的凯迪拉克，驾车离开了餐厅。

任何人都不可能忘记那天与沃伦·巴菲特一起度过的每一个情景，而关于他的一些细节，以及他对待生活的方式令我记忆犹新。

他的心态积极、乐观。简言之，巴菲特很快乐。他对待生活和事业的长期看法是积极的。

拥有开放的思想能够让你获得更多机会。

他善于从事有计划的冒险。作为一名价值投资人，巴菲特一直坚持用某些原则来指导他的投资决策和风险处置方式[3]。他特别喜欢保险行业，也正是这个行业教会了他如何实现少投入、多获得的目标。

拥有一套原则会让你懂得该如何去评估风险。

他专注于做好自己的事情。 沃伦·巴菲特坚持做自己，他不想成为别的任何人。他选择了奥马哈市，而不是人们向往的纽约市定居，并且自1958年以来一直居住在同一栋房子里，那是他以3.15万美元的价格买下的[4]。在食物方面，他偏爱芝士汉堡和漂浮沙士。股票市场的每日行情变化并不令他特别担忧，他明白这是一场持久战。他还说宁肯去当报童，也不当首席执行官。

独立能够为你带来一定程度上的自由。

他知道自己擅长什么。 巴菲特真的很擅长做投资，因此他便将时间和精力集中在了这一领域。与此同时，他从不投资他不懂的东西。

真正知道自己是谁会让你的生活更有效率。

他是个工作狂。 别搞错了：沃伦·巴菲特是个工作狂，而不是只知道与人握手或发表演讲的有名无实的领导者。他懂得细节、精于分析，并十分了解自己的业务。他坚持不懈地努力工作，所以他的事业到达了巅峰。

成功没有捷径可走，艰苦的工作是无法逃避的。

我曾经问自己：沃伦·巴菲特为什么如此成功？有的人可能会说，因为他很幸运，或者因为他入行的那个年代取得成功会相对容易一些。但抛开金钱上的财富不说，沃伦·巴菲特与你我并没什么不同之处，他的成功是他个人选择的结果。

像沃伦·巴菲特一样，你现在的生活也是一系列选择的结果。这些选择有的是你自己做出的，有的则是由他人替你做出的。

你明天的生活将会是什么样子?

从早上醒来到晚上入睡之前，你都有机会定义这一天的生活是什么样子的，每一天都如此。这意味着每一天都是你选择自己想要的生活的新机会。在接下来的几章中，我们将详细讨论该如何做出更好的选择来拓展你的视野，该如何承担有计划的风险，该如何打破从众心理，以及最重要的该如何开始行动。

这本书就是教你如何做出每一天的选择的。无论大的选择，还是小的选择，都会决定我们的生活是什么样子，以及我们会成为什么样的人。对自己的生活进行定义的力量始于5个简单的开关。

就让我们看看这是为什么吧!

欢迎你选择柠檬水式生活

每个人都有机会创造非凡

你注定只能成为你决心想要成为的那种人。

——拉尔夫·瓦尔多·爱默生

Chapter 1

打开5个开关，助你开启新的生活

我们通常选择一些重要的时间点或时段来权衡自己的生活如何，比如生日、周年纪念日或学年度等。又长大了一岁，又到了制订新年计划的时刻。如果你想用一年中的某个标志性时间来定义自己的生活，那就太好了。

每年，你至少有365次机会来定义和规划自己的人生道路。

为什么许多人忽视了这个珍贵的机会？原因众多，不一而足：

生活陷入了困顿，缺乏资金，一直忙于工作，忙着照顾孩子，为时已晚，或者想明年再做，等等。

其实，每天你都在以下两种生活中选择其一：柠檬式生活，或者柠檬水式生活。

柠檬式生活就是满足于某些难以让你充分发挥潜能的东西。当你满足于此时，你并没有积极主动地控制自己的人生道路，而是容许他人来主宰你的命运。柠檬式生活就是随遇而安——将现状当作恒定不变的状态。柠檬式生活是建立在借口、权利、从众和形式主义的基础上，而非积极主动和实质性地做出正向改变去争取自己梦寐以求的结果。这正是平庸生活和非凡生活之间的区别。

柠檬式生活
过去的生活 = 现在的生活 = 将来的生活

然而，还有一条更好的人生道路可供选择，在那里你可以定义成功，并且告别一成不变的生活状态，它就是柠檬水式生活。

柠檬水式生活就是在目标和可能性的指引下，按照自己的方式生活。目标是你在生活旅程中的潜在动力，可能性则意味着无限的机会,而目标和可能性之间的纽带是行动。当你在目标和可能性的指引下生活时,你便能够积极主动地应对任何艰难险阻。

在柠檬水式生活中,五年前、上周或今天早些时候你做过什么,皆与你未来的生活道路关系甚微。

柠檬水式生活
过去的生活 = 现在的生活 ≠ 将来的生活

本书就是教你该如何摆脱被动的柠檬式生活,从而开启积极主动的柠檬水式生活的。

你是要主动地选择你的生活,还是要让生活被动地发生在你的身上?你是要主动地融入这个世界,去创造自己的生活遗产,还是置身事外,任由他人定义你的生活遗产?

你想要过柠檬式生活,还是柠檬水式生活?

答案取决于你做以下五件事情的能力。

PRISM（棱镜）：
秉持柠檬水式生活态度的人如何看待世界

本书将教你如何通过5个简单的转变，赋予自己逃离柠檬式生活，并过上柠檬水式生活的能力。

任何人，无论来自哪里，以什么为生，或者是否富有，都可以完成这5个转变。你可以将这些转变想象为你房间内的5个电灯开关。我们都有这样的5个开关，而它们一旦被打开，将成为让你发挥最大潜能、走向成功和过上幸福生活的诀窍。

打开这5个开关将改变你的视野和观点，让你做出更好的选择，并赋予你控制自己生活的自由和能力。本书将告诉你该如何打开每一个开关，以便助你开启成功的大门、释放你的最大优势，并激发你的无限潜能。

那么，这5个开关是什么呢？

它们可用PRISM（棱镜）的5个大写字母来表示。像沃伦·巴菲特这样的秉持柠檬水式生活态度的人们正是透过这面棱镜来观察世界的：

P（Perspective）= 观点

R（Risk）= 风险

I（Independence）= 独立

S（Self-Awareness）= 自我意识

M（Motion）= 行动

当这5个开关被全部打开时，你就可以建立自己的生活目标，并创造可能性。

打开"观点"的开关，以改变你的机会。

打开"风险"的开关，以改变你的决策。

打开"独立"的开关，以改变你的自由状况。

打开"自我意识"的开关，以改变你的自我认知。

打开"行动"的开关，以改变你的处境。

以下是打开这5个开关能为你带来如此巨大的改变的原因：

● 第一个开关:P代表观点

改变观点,以改变你的可能性

观点是你的主透镜。它为你的生活奠定了基调,并塑造了生活中的可能性。太多人成了消极观点的囚徒而不自知。但一旦拥有了积极的观点,你就更能看清你的机会是什么。

● 第二个开关:R代表风险

了解风险所带来的回报,以便做出更好的选择

自我设置的障碍会阻碍你的进步,限制机会的到来。当你消除了这些内在障碍,更好地理解了风险与回报之间的关系后,便能够承担更多已知的风险,并过上更美满的生活。

● 第三个开关:I代表独立

消除从众心理,以获得选择的自由

独立常常被赞誉为理想的性格特征,却鲜有人接受它。随大溜会让人感觉更安全,会让人获得安慰和集体归属感。独立意味着抛弃"常识",敢于特立独行,即使错了也在所不惜。独立是按照自己的节奏和方式,不受约束地走自己的生活道路。

● 第四个开关:S代表自我意识

控制自己,以便控制自己的生活

当你审视自我时,会看到你需要看到,但不一定是你想要看到的东西。你会听到你需要听到,但不一定是你想要听到的东西。诚实的反馈能让你对自己的问题做出准确的诊断,以便更好地做出有针对性的改变来优化你的生活。

● 第五个开关:M代表行动

制作柠檬水,以改变自己的处境

制作柠檬水就是创造你想要的生活。只要利用已有的能力和工具去实施改变,你就能够获得成功。

成功地发挥出自己最大潜能和从不满足于自己最好一面的人,从根本上来说都是幸福的。他们的秘诀——快乐的根本原因——是打开了这 5 个开关。他们并不都是世界领袖、商业巨贾、专业运动员或好莱坞明星。在很多情况下,他们都是普通人,但都做出了积极的选择,创造了他们当下享有的幸福生活。

此刻,你可能想要问:我该如何打开这 5 个开关呢?

我们都曾听说过一句古语"老狗学不会新把戏"。你怎么能改变已经具有了思维定式的人呢? 你很难将他们塑造成你想要或希望他们成为的那种人。多年来形成的习惯、行为和观点已经根深蒂固,甚至可能不值得你去尝试改变他们,因为你是很难改变这样一个人的,对不对?

事情是这样的:"老狗学不会新把戏"的结论只有在"老狗"不愿意学习新东西的情况下才是成立的。对于为什么不能做出改变、为什么不会做出改变,以及为什么不可能做出改变,他们会反复强调自己的每一个理由。

你可以选择做出改变。打开这 5 个开关,你会透过一个崭新的棱镜看到自己的生活,同时过上属于自己的柠檬水式生活。

一个强大的事实是：无论之前发生过什么，今天才是你的幸运日。从今天起，你将完全自主地掌控自己的生活。

昨天是你说"我不能"的最后一天。

今天是你说"我会去做"的第一天。

当你明白掌控自己的生活意味着什么时，就会发现这是一种令人敬畏的力量和责任，是你创造非凡的必由之路。你生活在有史以来不可思议的时代之一。它可能不是最好的时代，也可能不是最完美的时代，但当下就是最伟大的时代，因为所有人都有机会去改变自己的命运。这个时代是属于你的。

你需要玩的只是一场一对一的游戏，那就是你和自己的较量。如果你在和另一群人进行较量——无论他们是你的朋友、同事、父母、兄弟姐妹，还是你社交圈里的其他人——那你就找错了游戏对象。如果你认为非得上某一所学校，从事某一项工作，在某个特定商店里购物，或和某个特定人群待在一起才行，那就大错特错了。你，而且只有你自己，才能掌控你的生活。你在锻炼自己，按照意愿做出自己的抉择。你有权利决定自己的未来。一旦陷入社会比较的陷阱，你就输定了。

在这种崇尚即时满足的文化中，太多人想要的是眼前的结果。他们追求捷径和当下的结果，但缺乏意志力和决心去从事更重要的工作。如果没有正确的心态和良好的职业道德去实施这些改变，建议就只能是建议。很少有人愿意在自己身上下狠功夫。我们应该专注于已形成的习惯和做出的选择，这才是解决一切问题的根源。我们的观点、心态、原则和自我认知是引导我们做出决策的指路明灯。在关注结果之前，先要打好合适的基础。

通过阅读本书，我希望你的生活变得更加美好。对一些人来说，改变可能意味着进步，而对另一些人来说，则可能具有里程碑式的意义。我希望你把这本书当作行动指南，助你克服前进道路上的障碍，让你专注和平静地应对所有情况，更加愉快地驾驭自己的生活。无论你是在沙滩上的遮阳伞下，还是在飞机上、公园树荫下、人头攒动的地铁里、壁炉前的沙发上，或是躺在床上边喝茶边读这本书，请记住，今天是你的幸运日。

我想让你赢。期望你从今天开始，用一种全新的眼光去看待自己和周围的人。如果你还没有过上自己想要的生活，那么我希望你勇敢地站起来，去过上你应有的生活；希望你碾碎前进道路上的每一个障碍，并征服所有的恐惧。希望你重新调整你的心态，树立信心去冲破传统思维模式。

从今以后，你要为自己做选择，而不是为其他任何人。你的生活属于你自己。你要付出应有的努力和关注去呵护它。你不需要得到任何人的许可，除了你自己的。只要你愿意付出努力，就能够控制自己的命运。当然，这件事不可能一蹴而就、立竿见影——它离你还很遥远。这是你终生的经历和旅程的开始，你必须愿意为此做出奋斗和牺牲。你如果还没有到达成功的巅峰，就让一切发生改变。

现在到了决定你是什么人和你想要成为什么人的时刻了。这本书既是为想要取得更大成功的人们所写，也是为想要付出更少努力的人们所写。它既是为想要付诸行动的梦想者所写，也是为怀揣梦想的行动者所写。它既是为相信一切皆有可能的人们所写，也是为对此抱有怀疑态度的人们所写。它既是写给生活陷入困境的人们的，也是写给无拘无束、自由自在的人们的。它既是写给刚刚踏上旅程和已在旅程之中的人们的，也是写给认为旅程已经结束了的人们的。它既是写给最终想要放手一搏的企业家们的，也是写给死性不改的贪婪的骗子和从不奋斗的半途而废者的。它既是写给曾经遭到过拒绝的人们的，也是写给觉得自己在付出而其他人只知道索取的人们的。它既是写给需要更多能量的、疲惫不堪的人们的，也是写给不知疲倦的、精力充沛的人们的。这本书是写给任何想要获得更多幸福、发挥更大优势，以及过上更加美好的生活的人们的。

这本书专为你而写。

如果你愿意对自己做出承诺，愿意为到达成功彼岸付出所有的努力，愿意放手一搏去创造历史，就行动起来吧！

开关 1
P 代表观点

P

改变观点，以改变你的可能性

人不过是思想的产物而已。你心里想什么，就会成为什么样的人。

——"圣雄"甘地

Chapter 2

来认识一下秉持柠檬式生活态度的人们

在此，我要向你介绍你已经认识的三种人。

你曾以某种方式见过他们。他们可能是你的邻居、同事、你孩子所在学校的学生家长，或者你在后院烧烤聚会中认识的朋友。你可能在鸡尾酒会或家庭聚会上见过他们，也可能在健身房或读书俱乐部里见过他们。你肯定曾经和他们一起吃过饭。

你甚至可能是他们当中的一员。

我说的是秉持柠檬式生活态度的人。他们很容易被辨认出来,因为他们无处不在。

秉持柠檬式生活态度的人主要分为以下三种类型:

· 爱找借口的人

· 满足现状的人

· 善变的人

首先让我们来认识一下他们。

爱找借口的人

爱找借口的人总有无穷无尽的理由来说明他们为什么难以过上柠檬水式生活。比如工作太多了、太浪费时间,以及那是有钱人的游戏,等等。他们的消极心态是自己最大的敌人。爱找借口的人会花更多时间担心要去做某事,而不是实际去做某事。

从本质上说,他们都是终极的抱怨者,是令人扫兴的人。他们往往在晴空丽日中看到乌云,从现有的解决方案中发现问题,而且常常将胜利归因于运气。

他们的活动范围仅限于门廊的摇椅和房间的沙发之间,

在他们的字典中找不到"行动"一词。他们乐于发表见解，尤其在你没有征求他们意见的情况下。不知怎的，他们几乎是任何方面的专家（也就等于什么都不是），但当真正轮到他们采取行动时，他们却突然变得害怕起来。

爱找借口的人对生活"应该"抱有某些期望。一旦期望落空，他们便会变得沮丧。想要过上柠檬水式生活，他们需要消除心理障碍并转变思维方式。

● 爱找借口的人状况一览

他们是哪些人：你的愤世嫉俗的朋友、父母、同事或邻居，他们也许永远无法过上柠檬水式生活，因为他们认为那会花费太多的时间、精力和金钱。

他们的口号："一切都被操纵了。"

他们获取快乐的渠道：爱找借口的人从"与他人比较"的窠臼中寻找慰藉，从挑剔其他人、地方和事物，甚至从挑剔门廊、阳台或办公室饮水机的安全性中获取力量。

他们在后院烧烤聚会中问的第一个问题：他们不会提问，因为不关心你会说什么。但是他们会最快以"是呀，但是……"，或者"我也会那样做的，如果……"之类的话语回应你。

他们最有可能告诉你的事情：你被闪电击中的概率比中彩票的概率都大。尽管如此，他们仍经常玩彩票，而且并没有（至少目前没有）被闪电击中过。

爱找借口的人会制造各种借口。常见的有以下五种：

● 爱找借口的人常使用的五种借口

第一种借口：实在太难了

爱找借口的人喜欢在比赛开始前退场。因为他们放大了障碍，使得原本简单的任务变得困难起来。任何事情看上去都比实际情况更具有挑战性，而正是这一点压垮了爱找借口的人的意志。事实却是这样的：事情往往并不像看上去那么困难。即使你认为它们很困难，也总会找到解决方案，这就需要你去寻找。

持这种借口的人缺乏创造力和决心。

第二种借口：太浪费精力

爱找借口的人消耗的能量有限。他们不会投入旺盛的精力去对待生活。对他们来说，小山丘看上去像一座高山，而高山是需要耗费气力去攀登的，爱找借口的人其实拥有足够多的能量，只是他们没意识到这点而已。只有充分意识到自己的潜能，他们才能把它释放出来。

持这种借口的人缺乏动机。

第三种借口：我不是名校毕业

上没上过名校并非决定事业成功与否的唯一因素。你知道有多少百万富翁、亿万富翁和其他成功人士没有上过大学、从大学辍学或没上过"合适的"大学吗[1]？爱找借口的人喜欢找理由来说明他们不能做某事，而缺少正规文凭是最容易找到的一种借口。

持这种借口的人不太懂得自我欣赏和自我尊重。

第四种借口：不知该怎么做

你猜是什么样？其他人也不知该怎么做。爱找借口的人为自己创造了知识壁垒，就好像人人都是生而知之似的，就好像比尔·盖茨在蹒跚学步时就已经学会了如何编写计算机主机程序似的。关于聪明人和成功人士的最大神话是他们无所不知、无所不能。他们与爱找借口的人之间的区别在于，相信自己能够通过做某件事去学习更多的知识。他们不惧怕承认自己在某些问题上并非无所不知。他们阅读书籍、提出问题、参加课程研究、寻求导师指导,以确保他们在职场上具有竞争力。最终,他们比其他人学会了更多的东西,即使一开始并非如此。

持这种借口的人缺乏自我信任。

第五种借口:太浪费时间

爱找借口的人常用的一种借口是时间,就好像他们的生活中有太多其他事情需要他们付出更多的关注一样。每天我们都有24小时的时间用于工作和生活,但重要的是如何优化自己的时间安排。你珍惜时间吗?如果你很想得到某种东西,就总会找到时间去争取它。你会重新安排时间表,通过放弃一些东西来得到另外一些东西。你会投入时间、精力、关注和决心去实现你的目标。爱找借口的人应该问自己:是否把大部分时间用在了对自己来说最重要的事情上。

持这种借口的人缺乏排列优先次序的能力和自律能力。

● **五种迹象表明你可能是爱找借口的人**

既然你已经了解了爱找借口的人喜欢的五种借口,那么通过以下五种迹象就可以判断你是不是他们中的一员了:

错的是他们，不是你

认为发生在你身上的一切都是别人造成的。是他人在某种程度上让你蒙受冤屈，不让你得到想要的东西。

这种心态有问题吗？是的，这说明你缺乏个人责任感。你拒绝承担自己的责任，拒绝为自己的行为负责，总认为一切都是别人的错。在为自己的选择和决定负起责任之前，你会采取责备这种更容易的偏转策略。采取这种防御姿态，是为了让你自己逃避承担真实劳作的重压。颇具讽刺意味的是，只有为自己的行为负起责任，并承认自己的错误时，你心头的重担才能减轻。有责任心是获得自由的最佳方式。如此一来，你便控制了自己的命运，能为你的行动带来的所有结果负起责任了。

指责他人而不是自己，只能在短期内让你感觉轻松一些。

小人物不可能赢

一切都被操纵了。他们在掌控世界，而不是你。他们赚走了所有的钱，而不是你。他们赚取了声誉，而你却一无所获。他们总是在赢，而你总是在输。你没有任何选择的权利，只能在他们的世界里混日子。

这是一种失败主义者的态度，却普遍存在于人们中间。

你把自己看成小人物，降低了自己的地位。你强迫自己的大脑相信，你比真实的自己更虚弱、更迟钝和更不堪一击。你用没完没了的抱怨扼杀了自己的进步，教会自己接受生活抛给你的一切。生活正被动地发生在你身上。你处于被动接受，而不是主动争取的状态。

不是我在与世界抗争——而是世界在与我作对。

喜欢站在局外人的立场上发表意见

你对每件事都有很多话要说，以为自己无所不知。你渴望与任何愿意倾听你的人分享想法，但这些想法却很少切中要害。相反，你更喜欢批评、评论或戏弄他人。当轮到你采取行动时，你很快就会拒绝。因为那不是你的行事风格，你更愿意躲在幕后。

坐在舒适的前廊里对他人评头论足要安全得多。

本来可以做，却没去做

想象一下有多少事情你本来可以做，却没有去做，简直数不胜数。无数次你打算创业，却没有去做；打算回学校读书，却没有去做；打算领略全国各地的民俗风情，却没有去做；打算出国旅游，却没有去做。

你有各种各样的借口。时代不同了;你老了;你没有充足的时间;你的日程安排得很紧;后来你安顿下来了,但什么都不想了;日子匆匆而过。

假如……

喝水不一定是因为渴

"到喝咖啡的时间了吗?　15 分钟前你不是才喝过一杯吗?哦,来吧——让我们再去喝一杯吧!"

你总是嫌休息时间不够多。事实上,你想用任何事情来分散你的注意力,以便逃避工作。

"离下班回家时间只剩 5 小时 14 分钟了。"

休息时才是你的幸福时光,可以让你逃避管理责任、远离同事和老板。工作并不是你的专长,但你在休息时间会"大放异彩"。作为休息室里的常客,你自愿担当起了天字一号演讲者的角色,而休息室则是你的表演舞台。

在工作时间高谈阔论可比工作本身有趣多了。

满足现状的人

满足现状的人自认为安居乐业。他们遵循传统建议的道路,这条是他人——社交圈里的人、朋友、父母或邻居所遵循的道路。因此,满足现状的人是终极的墨守成规者:他们活在别人的,而不是自己的梦里。从表面上看,满足现状的人似乎是以行动为导向的人。

然而,这并不意味着他们正在取得有意义的进步,并能过上自己真正想要的生活。他们规避风险,更喜欢风平浪静的生活。为什么?因为他们惧怕未知和失败,尽管他们可能不承认这点。满足现状的人的计划是"不输"即可,而不是获胜[2]。他们更喜欢谨小慎微地行事,即使在需要他们发挥创造力的时刻。

对许多满足现状的人来说,外在表现就是一切。他们想让你认为他们的生活完美无缺(他们的节日贺卡有利于展示他们的梦想),想让你认为他们热爱工作(他们已在同一家公司干了15年——不可谓不敬业)。他们经常谈起自己的家庭生活("我们整个夏天都在汉普顿度假——你也该到那儿去瞧瞧")。但与爱找借口的人不同的是,满足现状的人不一定把他们的不快挂在脸上。满足现状的人尽管很想让你觉得他们的生活是光鲜亮丽的，但实际上他们却生活在谎言中，至少生活在令人惴惴不安的妥协中。

他们一周工作85小时，却抽不出时间去照看自己的孩子。如果他们真正喜欢自己的工作，也就罢了，但事实并非总是如此。他们维持工作是因为它给了他们一个梦寐以求的职称，能帮他们支付巨额抵押贷款，以及有助于他们维持社会地位。许多满足现状的人认为自己是在积极地参与游戏，但他们只是在随波逐流。他们从这个人生里程碑顺势漂向下一个人生里程碑，总是害怕偏离已有的人生道路。他们当前的工作理所当然地就是他们的下一份工作，所设想的就是他们所期望的。因为满足现状的人拒绝走出自己的舒适区，所以他们无法控制自己的命运，难以实现自己的梦想。于是，满足现状的人就陷入了自鸣得意，甚至矫揉造作的生活泥潭，并在注重外在表现的无止境的恶性循环中不可自拔。

● 满足现状的人状况一览

他们是哪些人：你的兄弟姐妹、同学或你孩子所在学校的家长。（1）不堪忍受客户的态度或工作时间过长，却总是告诉你一定是疯了才想离开这家公司的人;(2)不喜欢自己居住的社区,却又不明白你为什么搬家的人;(3)宁愿离自己的家乡近一些,却又坚信如果不在纽约的办公室工作,就永远无法获得大的提升的人。

他们的口号:"他们拥有的,我也一样会拥有。"

他们获取快乐的渠道:满足现状的人即使无法忍受自己的舒适区,也要从它带来的确定性中获得满足。即使他们不喜欢这个游戏,也要继续玩下去。得到别人的认可时,他们会觉得自己的选择是正确的。

他们在后院烧烤聚会中问的第一个问题:"那么请问,你在哪里工作?"

他们最有可能告诉你的事情:"司法部部长"的复数形式是"司法部部长们"。

满足现状的人尽管有获取幸福的渠道,但他们基本上是不快乐的(即使这与他们的想法或说法正好相反)。然而,他们尽管不喜欢自己的工作,但的确能从一年一度的职务晋升和奖金分红中获得快乐。这一点满足了他们对安全感和社会地位的需要。

满足现状的人难以适应变化,这是他们面对的最主要的陷阱。周围世界在发生变化,但他们却把头埋在自我织就的蚕茧里,致使自己错失良机,难以适应社会变化。当满足现状的人对变化的可能性持开放态度时,他们仍能维持家庭和谐、个人地位、核心信仰和价值观。

● 五种迹象表明你可能是满足现状的人

你是满足现状的人吗?如果你有以下五种迹象,就八九不离十了。

生活是一张巨大的清单

就像挂在墙上的日历一样,你把生活看作一张巨大的清单。你查看自己取得的每一项成就,记录自己获得的每一项荣誉,标注自己获得的每一个头衔,甚至连笔帽从记号笔上拧下时的嘎吱声也会让你的肾上腺素水平陡然上升。

当你的"简历山"上升到一个新高度时,你就再也不会投入足够的时间去培养那些一路伴随你追求这些成就的积极习惯和技能了。你用来学习和体验的时间越来越少,花在收集上的时间却越来越多。

有些人收藏艺术品,而我的领英(Linkedin)个人资料便是杰作。

快来,快来,看看我那高贵的个人简历

遇到一个人后不到30秒,你便会主动地和他谈起你的职位、老板和出身,而不管他愿不愿意听。你用职业来定义自己。你想让每个人都知道你在做什么、在哪里工作、怎么做到的,以及这一切都是何等美妙。

那么,你的职业到底是什么呢?

孩子上哪所学前班很重要

除非你上对了高中,否则就进不了哈佛大学。除非你上对了初中,否则就进不了好的高中。除非你上对了小学,否则就进不了好的初中。除非你上对了——没错,你猜对了——好的学前班,否则就进不了好的小学。

这听上去没有什么不对,人生都是从学前班开始的。对一些满足现状的人来说,他们的人生开始得更早一些,是从好的幼儿园甚至是从好的日托班开始的。

他们认为外在表现至关重要,包括他们自己的以及他们子女的。

招生委员会正密切关注着他们。

热爱（实则鄙视）自己的工作

面对现实吧。你讨厌自己的工作，却总是找借口不去采取任何行动，因为辞掉工作可能意味着你将丢弃你的生活方式。坦率地说，你认为辞掉自己的工作是个可怕的念头。

否则，你将如何还清你那抵押值占95%的抵押贷款呢？

这正是我们所要做出的牺牲。

生活太美好了——的确太美好了

不，事实并非如此。你只是适应了自以为他人都想要的生活状态，却不知该如何跳出这无休止地维持外在表现的循环。你此刻的生活并不是你想要的。也许这是你的同学或儿时好友应该拥有的生活，而不是你的。但你却从不愿向朋友承认这一点。你担心受到嘲笑和奚落，以及社会地位的不幸下跌。

你的许多朋友都深有同感，但和你一样，他们也害怕与你分享他们的生活状况。

我喜欢柠檬式生活。

善变的人

善变的人会做任何事情来改善他们的生活——但需要说明几点。他们说自己渴望得到更多东西，却不愿意为之奋斗。他们声称自己喜欢目的地，却不愿踏上征程。他们喜欢"企业家"的头衔，却鄙视含辛茹苦的奋斗历程。

与爱找借口的人及满足现状的人有所不同的是，善变的人喜欢寻求冒险。他们尽管更喜欢非传统的行事风格，却不想在实际运作前投入必要的时间用于学习。他们是时尚发现者、潮流追随者和冲动购买者，只关注结局，不关注方法。错失恐惧症[3]已深深地根植在了他们的基因中。

● 善变的人状况一览

他们是哪些人：你那疯狂的叔叔，目前正在谋划一个一夜暴富的项目。

他们的口号："羊群注定要跟随（羊群效应）。"

他们获取快乐的渠道：善变的人从追逐中获得安慰和社会地位，并确保自己能够参与到最新、最了不起的事件中去。

他们在后院烧烤聚会中问的第一个问题:"等等——刚才是不是有人说'又出了一件大事'?"

他们最有可能告诉你的事情:他们在"黄金收购"热潮中赚了多少钱(与此同时,他们会习惯性地忽略接下来在数字货币交易过程中损失了多少钱)。

从表面上来看,善变的人显得独立和富有创业精神。毕竟,他们是在追求按照自己的方式赚钱。但事实却远非如此:他们缺乏独立思考的能力,盲目追逐稍纵即逝的潮流。财务独立是动机,但财务成功地向外投资才是更重要的。他们尽管具备行动导向型思维,但却很少能善始善终。一旦一夜暴富的愿望化为泡影,他们就会失去兴趣,并已经在寻找下一个热门事件了。他们属于喜欢半途而废的人。

● **五种迹象表明你可能是善变的人**

以下五种迹象可以判断你是不是善变的人。

市场正持续旺销

"市场火爆得很。如果不马上投资,你会错过大好机会。机不可失,时不再来呀,朋友们。这种情况不会持续太久的,还从来没见过这么好的机会。20年后回首往事时，你一定会问自己当初为何没抓住这样一个千载难逢的大好机会呢。"

好消息是市场总是会很火爆的。坏消息也是市场总是会很火爆的。

趁热打铁，才能成功。

他们简直在印钞票

"在每个街角和拐弯处，都能找到赚钱的机会。"

既然每个机会都能赚钱，那为何你的投资过滤器总是处于关闭状态呢？

说得就好像淘金热又回来了似的。

反复无常、进进出出

"这种情况是不会持续太久的，诀窍就是进进出出。这不是一个长期的游戏，只是个很小的机会窗口。"

承诺是需要付出时间和努力的，而对这两者，你都无法做出保证。

人们常说赚快钱是不可能的，而这正是赚快钱的真正途径。

优步发明优步之前，你就发明了"优步"

"在别人知道卡尔顿·班克斯之前好几年，我就发明了可颂甜甜圈、指尖陀螺游戏，拍出了《新鲜王子妙事多》。"

你有上百万个点子，却很少付诸实施。你很有创造力，却从不做必需的努力来让它善始善终。你喜欢开创新项目，却从不喜欢将它做到底。一旦事情发展不尽如人意，你就会失去兴趣，或改做其他事情。

上七年级的时候，我就想在每个街角都开一家咖啡馆。

没有计算好风险

"想赢，就得敢于冒险。"

你认为每个机会都蕴藏着无限商机。你是个大胆的冒险者，却算不上是个精于算计的冒险家。

往下跳即可，不要向下看。

至此，我们已经介绍了你熟识的三种人。然而，我还想让你认识第四种人。如果说爱找借口的人、满足现状的人，以及善变的人你已经熟识了的话，那么第四种人你也应该认识了。

Chapter 3

当生活赐予你柠檬时，你该怎么做

该如何分享一个柠檬呢？

在沃顿商学院的第一周，我也曾被问到过同样的问题。一个柠檬，要分给两个人享用。你可以用任何喜欢的方法来分割它。你会用什么方法呢？你将做何选择？你们的意见能达成一致吗？如果你们的想法不同，那又该怎么办？其他人又会怎么做？

第一个小组把柠檬从中间切开：每个人各得一半。他们是按照指示来行事的,这个办法简单易行。

第二个小组剥去柠檬皮:一位分享者得到了柠檬皮,而另一位得到了果肉。一位在乎内容,而另一位选择了外壳。

第三个小组在剥去柠檬皮后,再把果肉切开:一位只要了柠檬籽,而另一位则要了所有剩余部分。一位分享者吃到了果肉,而另一位则可以拿柠檬籽去种柠檬树。

但最后一个小组的做法却有些与众不同。他们把柠檬切成两半后,扔掉种子,然后拿出一个装有半瓶水的瓶子。其中一位分享者小心翼翼地把两半柠檬的柠檬汁分别挤进瓶子。与此同时,另一位分享者则将早上喝咖啡时用剩的白糖加进去。他们将瓶子摇晃几下后,举着他们的作品说了句:"当生活赐予你柠檬时,就把它做成柠檬水吧!"

当时全班同学都哈哈大笑起来,但那段记忆却让我终生难忘。分享柠檬的方法有很多种,可以切开它、剥去皮、在上面挖洞,或者挤压它。然而这两个学生却没像其他人那样思考问题。他们有自己的一套做法,没有受到手头材料的制约,也没有照本宣科或模仿其他同学的做法。

他们制作了柠檬水。

我想让你认识一种人。他们的做法与这两个学生的做法如出一辙。他们是值得你认识和了解的人:勇敢的颠覆者。

勇敢的颠覆者状况一览

他们是哪些人：勇敢的颠覆者是游戏规则的改变者，他们按照自己的意愿推动创新的发生。作为原创型思想家，他们会主动承担经过计算的风险，以充分发挥自己的潜能。

他们的口号："过柠檬水式生活。"

他们获取快乐的渠道：勇敢的颠覆者之所以能够取得胜利，是因为他们英勇无畏；之所以能够取得成功，是因为他们不依惯例思考问题；之所以能够实现目标，是因为他们从不停止学习；之所以能创造非凡业绩，是因为他们敢于冒险并能抓住机会。

他们在后院烧烤聚会中问的第一个问题："我怎样才能更好地了解你呢？"

他们最有可能告诉你的事情：他们的晨间作息习惯如何有助于他们安排一天的生活节奏，而且他们乐意与你分享这些东西，以便让你也从中受益。

● 勇敢的颠覆者的五个晨间作息习惯

　　勇敢的颠覆者并不遵循固定的晨间作息习惯,否则,他们就成了满足现状的人或善变的人。爱找借口的人懒得遵循什么晨间作息习惯,以下是他们惯用的说法——不得不早起,没有多余时间,不能被轻易打扰,等等。勇敢的颠覆者会找到最适合自己的晨间作息习惯。对其中一些人来说,是冥想;对另外一些人来说,是慢跑或游泳;还有一些人会列出一天的任务清单,目的是振奋精神,提前为一天的工作厘清思路。以下是勇敢的颠覆者在日常生活中采用的五个好的晨间作息习惯。

早上第一件事就是吃掉一只活青蛙

　　"早上第一件事就是吃掉一只活青蛙。如此,这天剩余的时间就不会有更糟糕的事情发生了。"[1]这句话引述自尼古拉斯·尚福尔,后来被记在马克·吐温名下。按照计划首先做完一天中最棘手的任务,以便此后顺利过渡到比较容易的任务。克服最主要的障碍有助于克服拖延症,并使得其他任务看上去不那么令人生畏。

　　如果不喜欢早上第一件事就是吃掉一只青蛙,那你也可以反其道而行之:把青蛙留到当天晚些时候再吃[2]。你早上可以从已知能轻松搞定的简单任务做起。这会使你获得一些小的胜利,尽早地树立起信心,以便让后面更艰巨的任务看上去不那么具有挑战性。根据弗兰切斯卡·吉诺和布拉德利·斯塔茨两位教授在《哈佛商业评论》上发表的研究成果可知,先完成较小的任务不仅会让你获得心理上的激励,还可以提高你在当天晚些时候应对更加艰难的挑战的能力。正如吉诺和斯塔茨解释的那样,当你完成了较小的任务时,大脑会释放出神经递质多巴胺,这种物质能提高你的注意力和记忆力,以及你完成下一个任务的动力。

要找到自己的独特节奏,并发掘自己的内在驱动力。要去识别和运用它,并持之以恒地做下去。

问问自己:"今天我该做哪些有意义的事呢?"

本·富兰克林最喜欢的晨间作息习惯始于问自己这样一个问题:"今天我该做哪些有意义的事呢"[3]?不必把每天当成负担。要想办法为这个世界创造更多美好,哪怕看上去只是些微不足道的贡献。比如,往储蓄罐里扔几枚硬币,在你孩子的背包里放一张带鼓励性的字条,为需要帮助的朋友出谋划策,等等。此类行为习惯不仅有助于服务他人,同时也能为你创造价值并提高影响力[4]。

更好的做法是将利他行为与你的更远大的生活目标联系起来。当你为他人、为世界做出积极贡献时，你就能够创造出日本人所称的"ikigai"[5]。该词语大致可翻译为"生活的价值和意义"。研究人员雇用大崎研究小组对43 391名日本成年人做了一项题为"你的生活有价值和意义吗？"的调查。在对这些成年人的健康状况做了7年的跟踪调查后，研究人员发现，同拥有生活价值和意义的人相比，缺乏生活价值和意义的人的全因死亡率明显更高一些。

把生活的价值和意义作为自己的生活目标。它是你的人生使命和驱动力，是你从事一切工作的根本原因。找到你生活的价值和意义，你就找到了让自己过上更快乐、更满足和更长寿的生活的秘诀。

同挚爱的人保持联系

通过同挚爱的人保持联系开始每天的快乐生活：要和至关重要的另一半共进早餐；要拥抱和亲吻孩子们；要给你挚爱的人发个短信或打个电话，告诉他们对你来说他们有多重要。北卡罗来纳大学教堂山分校的研究人员发现，拥抱伴侣可以降低你的心率和血压[6]。与此相反，在遇到压力时，你的心率会加快、血压会升高。通过在一日伊始接受和表达爱意，你会获得额外动力，并带着明确的目标过好每一天。

写下让你心存感激的三件事

每天早上花5分钟写下让你心存感激的三件事。例如，可以写下你珍爱的人的名字、你的独特个性或前一天你做了哪些工作。这项活动能让你过得踏实并懂得感恩，赐予你感受幸福的机会。研究人员发现，同争吵或不痛不痒的中性话题相比，把让你心存感激的事情写下来更能改善你的心境，给你带来幸福感和正面情绪[7]。带着感恩之心开始一天的生活，无疑是种令人激动的人生体验。

写感恩日记是增加快乐和提高幸福感的重要方式之一。你还可在此基础上更进一步，以便最大限度地享受感恩的益处[8]。比如给朋友、家人或同事写一张感谢便条，表达你对他们的感激之情。他们可以是帮你找工作的朋友、帮你粉刷车库的表弟，也可以是帮你起草报告的同事。你写作质量的高低无关紧要，重要的是你的诚意[9]。

当然了，当面致谢是更好的选择。来自芝加哥大学的一项研究表明，通过写感谢便条来表达感激之情可以提高你和接受者的幸福指数。研究还表明，我们都低估了表达感激之情的价值，却高估了这可能给接受者带来的尴尬[10]。另一项研究表明，因某件具体事情在感恩日记中对某个人表达感谢之情——而后对你的个人感受及对方的反应进行反思——能够减少负面情绪，缓解抑郁心情[11,12]。感恩实践能为我们带来诸多积极的健康益处[13]。根据感恩科学方面顶尖科学家罗伯特·A.埃蒙斯的观点可知，感恩"能够降低血压，提高免疫力，改善睡眠质量……降低长期患抑郁、焦虑和物质滥用疾患的风险，同时也是预防自杀的一个重要的弹性因素"[14]。

像史蒂夫·乔布斯那样做事

2005 年，在斯坦福大学毕业典礼上，史蒂夫·乔布斯分享了他的晨间作息习惯[15]，那就是在此前的 33 年中每天早上坚持问自己一个问题：

"'如果今天是我生命的最后一天，还会去做今天打算去做的事情吗？' 如果连续多天答案都是'不'，我就知道需要做出一些改变了。"

每天早上，你都有机会去选择做你想要做的和能给你带来快乐的事情。是的，你仍有责任这么做，但也要掌控自己的人生道路。你如果走上了不适合自己的道路，就要有能力改变方向。许多人一连数月或数年都不去审视是什么给他们带来了幸福、快乐和满足。希望你不要那样，每天早晨都要对自己做一番审视。

现在你已经认识了这四种朋友，就让我们看看为什么只有其中一种过上了柠檬水式生活吧。

哪些人能过上柠檬水式生活，为什么？

能否过上柠檬水式生活取决于以下两种性格特征：（1）遵循传统的生活道路，还是追求非传统的生活道路；（2）想要积极主动地改变生活环境，还是被动地接受生活的安排。

每个秉持柠檬式生活态度的人都可以用以上两种性格特征来加以衡量。

· 爱找借口的人：传统型和被动型

· 满足现状的人：传统型和主动型

· 善变的人：非传统型和被动型

秉持柠檬式生活态度的人如果不改变他们的生活道路，那么将永远无法过上柠檬水式生活。

想要过上柠檬水式生活，你必须具备非传统型和主动型性格特征。这正是勇敢的颠覆者所具有的性格特征。

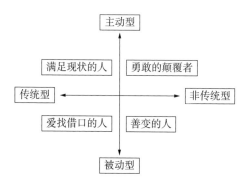

你应该选择右上方的象限：

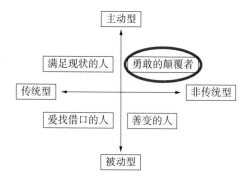

　　勇敢的颠覆者不靠外在的东西获取幸福。在他们看来，幸福和满足感源自自己的内心。它们基于你决定和定义人生道路的能力，以及你对自己所选择的生活的热爱。我不想让你认为，秉持柠檬水式生活态度的人总是开心的，事实并非如此。与秉持柠檬式生活态度的人不同的是，秉持柠檬水式生活态度的人有种与生俱来的能力，让他们能够通过打开这5个开关来抵御生活的疾风骤雨。尤其重要的是，秉持柠檬水式生活态度的人具有很强的可塑性。

我想让你接受一个强有力的基本事实：幸福是生活中的一种可能。你最大的幸福就根植于你的内心深处。无论你想要什么，无论什么时候想要，当你选择释放出你的快乐时，它就会变成现实。当你把思维定位于自己的目标和可能性时，你体验幸福的能力将会变得强大而清晰。

付出和回报的力量

我们该如何改变自己的观点呢？我们该如何由爱找借口的人、满足现状的人或善变的人转变为勇敢的颠覆者呢？实际上，这比你想象的要容易得多。一切始于"付出和回报"的力量。

我们都曾听说过付出和回报的关系。没有付出，就没有回报。做了好事，好事终有一天会发生在你的身上。太多人只关注结果——他们能得到什么。但成功的意义在于：为了有所获得,你必须有所舍弃。

你要处理好付出和回报的关系,以便让自己获得成功。只有舍弃一些东西,你才会得到一些东西作为回报。写出你生活中想要舍弃的五件东西,然后想想你会得到什么。这个强大的练习将让你明白:放弃破坏性力量,并替换成能增强你的自信和自律力的建设性力量是很有价值的。

让我们从秉持柠檬式生活态度的人的角度来看看付出和回报的关系。

爱找借口的人

放弃的东西	获得的东西
借口	责任感
消极观点	清晰的思路
抱怨	更多的能量
指责	责任心
担忧	自我信任

爱找借口的人假如不再找借口,他们就会对自己的行为负起责任来。负责并不是件可怕的事情,而是一种强大的自

我赋权，意味着你能够控制自己的生活。同样，舍弃某个消极观点会拓宽你的心理边界，让你更理性、更开放地思考问题，有助于你形成更健康的观念。当你不再抱怨时，你就会获得更多的能量。令人费解的是，爱找借口的人会在负能量上花费大量时间和精力。一旦将它排除在你的生活之外，你就能释放出正能量，以完成更有成效和更有意义的工作。

同责任感一样，对自己的行为负责能够增加自由限度并提升独立性。指责他人会让你在某种程度上与其捆绑在一起，即便他们是你的嘲笑对象，你也会从他们身上获得满足感。当你对自己的行为负责任时，你便控制了自己的满足感，而不是从他人身上获得。在遭遇失败时，你同样应为自己的过失承担责任，无论如何，只有自己才能修正自己的错误，因此你最好转向自己的内心去寻找力量。

最后一点，当你不再担忧时，你就赋予了自己力量。担忧会让你缺乏足够的自信向前迈进，使你不相信自己跌倒了还能再站起来。一旦永远地抛弃忧虑，你就可以建立起对自己，以及自己能力和行为的信心。

现在，让我们来关注满足现状的人。

满足现状的人

放弃的东西	获得的东西
安于现状	可能性
规避风险	机会
谨小慎微	创造力
追随传统	独立精神
封闭的思维模式	适应性

满足现状的人一旦不再安于现状，他们就会为生活开辟一个充满可能性的全新领域。安于现状意味着缩短自己的生命，很难最大限度地发挥自己的真正潜能，意味着在真正的征途开始之前，就为自己的成长和进步设置了种种人为的障碍。满足现状的人总是在到达巅峰之前就止步，因为他们误认为自己已经到达了巅峰，他们把生活建立在毫无风险的、被虚假的安全感所笼罩的真空中。如果放弃这种毫无风险的生活，他们就能获得机会，这个机会能为他们在生活中取得更大成就开辟新的途径。满足现状的人如果更多地关注他们的可能性，就能利用这个强大的平台将他们从自我施加的平庸生活中拉出来。

　　满足现状的人一贯过于谨小慎微。这与个人安全感无关,它是根植于他们灵魂深处的一种心态和观念,同时也是他们不愿拓展自己视野的一个借口。满足现状的人假如不再谨小慎微,就会获得创造力。这有助于他们获得新机会,更快地解决问题,在生活中取得更多成就。

　　对于满足现状的人来说,最便捷的方式是遵循常规习惯。他们在直线行驶过程中找到了安慰:以前对他们行之有效的方法以后会照样有效。他们与其他满足现状的人结伴而行,很快丧失了自己的独特个性。如果满足现状的人有意识地放弃墨守成规的做法,就会获得独立。独立是选择自己命运的力量和自由。满足现状的人骨子里并不缺乏让他们走上独立的人生道路的特质,只是他们太执着于原地不动和与其他同道结伴而行。

　　最后一点,假如满足现状的人可以放弃封闭的思维模式,就能获得强大的适应能力。满足现状的人会错失进步机会,因为他们的思维与外界格格不入。一旦他们打开思路、敞开心扉,就能利用他们的适应能力来改变观点,并与外界建立起良好的互动关系。

再来看看最后一类秉持柠檬式生活态度的人——善变的人的情况。

善变的人

放弃的东西	获得的东西
注重外在形象	独立
追逐潮流	内省
追随	个性
走捷径	韧性
即时满足	成长

善变的人挖空心思维持他们的外在形象，并借此获取在他人眼中的地位，而当他们不再关注自己的外在形象时，他们就能获得独立。很显然，善变的人在内心深处隐藏着独立的开关。毕竟他们的动机是赚快钱，至少愿意抽一些时间来改变他们的生活窘境。问题在于他们总是忙于追逐潮流，几乎找不到时间做实质性的自我反省。善变的人需要评估他们的生活，并重新培养审视自己内心的能力。

善变的人在追逐潮流的过程中迷失了自我，花了太多时间和精力去追随和效仿他人。当他们放弃追随时，就能够找回自己的个性。善变的人在效仿他人的同时，也渴望拥有自己的个性。当他们能够表现自己的个性时，将开始过上有目标的生活。

善变的人喜欢走捷径。以最快捷的方式从A点走到B点，意味着口袋里会有更多的金钱。因此，他们很擅长开展新业务。他们还擅长在事情进展艰难时，逃之夭夭。这种说干就干、说停就停的习惯会把一切搞得混乱不堪，更别说做事时提虎头蛇尾了。当善变的人不再走捷径时，他们将获得"韧性"这一积极特质，并领悟到完成一项任务需要奉献精神、目标、信念和方向感。

最后一点，善变的人总是渴望即时变化，靠即时艺术获得成长，然而，真正的改变需要时间。成长是个持续不断的过程，当重新定位长期发展轨迹时，他们就会走上自我完善的道路。

让我们回顾一下：

· 爱找借口的人等待事情发生。

· 满足现状的人看着事情发生。

· 善变的人希望事情发生。

与此相反，勇敢的颠覆者推动事情发生。

你已经认识了这四种人——爱找借口的人、满足现状的人、善变的人和勇敢的颠覆者。当你仔细观察周围的人时，会更加清晰地看到这些人的身影。你被秉持柠檬式生活态度的人包围着，他们无处不在，其数量远远超过秉持柠檬水式生活态度的人。想想你周围的人——朋友、家人、同事、同学，甚至陌生人，你能辨认出谁是秉持柠檬式生活态度的人吗？下面有种方法能够让你准确无误地识别出谁是秉持柠檬式生活态度的人。

有些人整周都在期待星期五的到来

秉持柠檬式生活态度的人相信成功会带来幸福，也就是说，当你成功了，就会感到非常开心。

然而，心理学家和神经科学家通过实验证明，传统的说法——成功会带来幸福——已经不那么灵验了[16]。肖恩·埃科尔认为，成功并不能给人带来幸福，幸福只是成功的催化剂而已。埃科尔将此称为幸福优势，即"幸福是成功的前提条件，而不仅仅是成功带来的结果"[17]。埃科尔认为，"现代经济中的最大竞争优势是积极而投入的大脑"[18]。例如，他说积极的工作态度会使工作效率提高31%，人获得晋升的可能性增加40%，与压力相关的疾病发生概率减少23%，而且还会使销售业绩提高37%[19]。多项研究结果表明，积极的态度会让人们更投入、更有活力、更具有创造力和动力[20]。在研究人员索尼娅·柳博米尔斯基、劳拉·金和埃德·迪纳主导的一项囊括225项研究，总共有27.5万名参与者的元分析中，研究人员发现幸福的人会在诸多方面获得成功，包括事业、收入、友谊、婚姻和健康等[21,22]。

秉持柠檬式生活态度的人遵循传统说法，即幸福是成功带来的结果[23]：

工作 → 赚钱 → 获得幸福

尤其是爱找借口的人和满足现状的人，他们常常会将工作当作优先考虑对象，排在家庭、朋友和个人爱好之前。他们这样做是为了将来可以享受幸福的退休生活。

"休息"的时候终于到了。我们可以开开心心地享受生活了。

因此，他们把幸福生活寄托在生命的最后时刻，这对你来说是个好主意吗？这么说的话，退休听上去并不是多么美好的事情。

秉持柠檬水式生活态度的人知道，秉持柠檬式生活态度的人把成功和幸福的关系颠倒了。秉持柠檬水式生活态度的人的工作目标并非通过赚钱来获取幸福。他们拒绝迟来的幸福，早就认清他们的黄金年岁并不只是退休后的那段时光。在秉持柠檬水式生活态度的人看来，幸福始于当下，他们无须等待30年。

在秉持柠檬水式生活态度的人看来，生活是这样的[24]：

获得幸福 → 赢得自由 → 走向成功

感到幸福时，你就获得了在生活中创造非凡业绩的力量和自由——无论你如何定义它。幸福是你创造非凡业绩的起点，但非凡业绩并不是幸福的源泉。自由更容易获得，因为幸福能够培养勇气和信心，而这会让你做出独立的决定。

长期幸福不同于迟来的幸福。长期幸福需要你从今天开始对自己的习惯和行为做出结构性的、永久性的改变，以使你过上自己想要的生活。

这里指的是简单的、永久性的改变，不是你今天感到幸福（短期幸福），明天又感到很糟糕；也不是你今天感到很糟糕（在战壕中匍匐前进），以便明天变得幸福起来。而是从今天起就要做出改变,以便你今天和明天都感到幸福[25]。

那么,你该如何让自己幸福起来呢?

● 让你马上幸福起来的五个简单方法

你想了解其中奥秘吗? 以下是能让你马上幸福起来的五个简单方法:

多微笑

我们都知道,幸福的时候人们就会微笑,因此幸福会让人微笑是常识。但心理学家塔拉·克拉夫特和萨拉·普雷斯曼的研究表明,微笑还能让你感觉更佳,并减轻压力。这就从根本上颠覆了传统说法,并暗示微笑可以给人带来幸福。他们发表在《心理科学》杂志上的研究指出:微笑可以给人带来心理和生理上的双重益处[26]。

克拉夫特和普雷斯曼说,微笑有助于你度过压力时期,哪怕微笑并不是发自内心的。如果你的微笑是真诚的(被称为"杜乡式微笑"或"用眼睛微笑"),那么当压力来临时,你的心率可能会下降。

不仅如此,专注于研究大脑和免疫系统相互联系的心理神经免疫学发现,幸福可以强化人体免疫系统,微笑还会引发大脑的化学反应,使之释放多巴胺等化学物质来增加你的幸福感,以及释放血清素来帮助你缓解压力。

学会感恩

你知道世界七大奇迹是什么吗?最初,它们是指西方人认为的古代世界上令人印象最深刻的自然景观和人造建筑物。在古希腊,数字"7"代表当时已知的五大行星及太阳和月亮。

以下是古代世界七大奇迹[27]:

· 罗德岛太阳神巨像

· 吉萨大金字塔

· 巴比伦空中花园

· 亚历山大灯塔

· 摩索拉斯陵墓

· 奥林匹亚宙斯雕像

· 阿尔忒弥斯神庙

多年来,还有过一些其他世界奇迹,如帝国大厦、泰姬陵、金门大桥、中国万里长城、罗马圆形大剧场、圣索菲亚大教堂、马丘比丘古城、巨石阵、哈利法塔及许多其他建筑物。

你心目中的世界七大奇迹是什么？它们不必非得是你在旅行过程中看到的物理结构体或自然奇观。

想出你生命中让你感动、触及你的灵魂和令你深受鼓舞的七件事。想出为你带来希望和改变你看待世界的方式的七件事。

它可能有关你的孩子、父母或配偶，可能是你生命中无法解释的一种奇迹，也可能是让你感激的一些事情。无论你选择什么，这七件事都会让你的人生变得更加圆满。

这七大奇迹都与感恩有关，都与你的幸福密不可分。感恩是特权意识的解药，它教会你感激你所拥有的一切、你的人生经历，以及你的朋友和家人[28]。

购买体验，而非商品

什么会让你记忆犹新——是你最近买的一双鞋子，还是在阿拉斯加享受狗拉雪橇的快乐时光？

康奈尔大学和加州大学旧金山分校的研究人员发现："购买体验"（他们将其称为"花钱买事做"）比"购买商品"（他们将其称为"花钱买东西"）更能给人带来持久的幸福感。他们还发现，与购买一件商品相比，对于购买体验的期待能给人带来更多的快乐[29]。

你所积累的体验将伴随你一生。去尽情享受期待购买的体验到来的过程吧！通过与他人分享你的冒险经历和他人建立起联系吧！这些体验会激励你、挑战你并感动你。

从令人振奋的体验和社会交往中获得的收益，要比从任何物质财产中获得的收益多得多。

多行善事[30]

下次在杂货店、电影院、收费站或任何购物场所排队时，要记得主动为你身后的顾客买单[31]。

你想跟某个人即刻建立起联系吗？那就为他开门，让其先走。

你想让某个人开心吗？那就把钱放在他已经失效的停车计时器上。

你想让某个人振作精神吗？那就制作一个爱心包，送给需要的人。

这不过是些能让他人开心快乐的小善举罢了。当你同他人建立起联系，并触动了他们的心扉时，你不仅是在强化自己的人道主义精神，还是在净化自己的灵魂。

芝加哥大学和西北大学的研究表明，就幸福而言，给予所带来的幸福比接受所带来的幸福更为持久[32]。通常情况下，每次当你经历同样的事情或参与同样的活动时,你的幸福感会渐次降低。心理学家们称此为"享乐适应征"[33]。研究显示,想要打破这个规则,做法是:宁愿给予他人一件东西,也不去接受同一件东西。

在一项实验中,研究人员一连5天给志愿者们发放5美元奖励,让一组志愿者把这些钱花在自己身上,而另一组志愿者把钱花在其他人身上。实验开始时,所有志愿者的幸福程度是一样的,而在5天后,第一组志愿者自我报告称,他们的幸福感在逐日下降,而另一组志愿者自我报告称,在这5天内,他们的幸福水平基本没什么变化[34]。这种结果有多种可能的解释,但据研究人员称,其中一个基本原理是:当人们关注自我时,他们会做社会比较,而社会比较会使得他们的每一次重复体验变得不再那么有意义。相比之下,当人们把钱投进储蓄罐或捐给慈善机构时,他们很少做社会比较,而是更多地关注捐献行为所带来的个人体验,而这一点会给他们带来幸福感。

赋权于他人

多莉·帕顿的父亲不会读书写字[35],他的家境让他不得不在小小年纪就开始工作以养家糊口。虽然父亲是她所见过的最聪明的人，但她相信他不识字的事实很可能会影响他去实现自己的梦想。帕顿是全球知名的乡村音乐大师和成功的企业家，她不忍心看着别人因不识字而无法实现自己的梦想。因此她以父亲李·帕顿的名义创建了一家想象力图书馆，以此来倡导儿童读书识字。

该图书馆有个书籍馈赠项目，是不计收益地将高质量图书邮寄给需要的孩子们，从出生直到上学。想象力图书馆每月寄出图书超过100万册，迄今为止已经为世界各地的孩子们寄去了1亿多册图书[36]。

阅读的力量就是实现梦想、拓展可能性和获取新机会的力量。对于帕顿来说，这意味着她的行为将为全世界数百万儿童创造一个更加美好的未来。

当你像帕顿那样去做的时候，你就是在传播快乐、收获幸福，并以一种不可估量的有效方式赋权于他人。

以上五种方法将为你接下来如何培养自己的幸福感提供一些思路。对于什么是幸福感和满足感，每个人都有着不同的定义，所以你要找到与你最能产生共鸣的那一个。一旦做到这一点，你就无须再等待——从今天开始，你就可以开启自己的幸福人生了。

现在请打开"观点"这个开关

幸福、繁荣和信心全都来自拥有正确的观点。如果你觉得自己很像本书中所描述的秉持柠檬式生活态度的人，那就把它当作一次让你选择新的视角、转变观点的新机会。亡羊补牢，未为晚矣！开启崭新的生活旅程，需要开放的思想和改变的勇气。爱找借口的人一旦不再找借口，就应该受到欢迎。满足现状的人一旦变得更加独立，就应该得到鼓励。善变的人一旦愿意承诺付出长期的努力，就应该得到祝贺。勇敢的颠覆者是终极的专属俱乐部会员，但成为会员的道路是对所有人开放的。无论你何时打开"观点"这一开关——改变生活的力量，都始终掌握在你自己手中。

开关 2

R 代表风险

了解风险所带来的回报，以便做出更好的选择不是因为事情太难，我们才不敢冒险，而是因为我们不敢冒险，事情才变得艰难起来。

——塞内加

Chapter 4

逃离"不能"的陷阱

什么是"不能"的陷阱?

"不能"的陷阱是指这样一种境况:你周围的人为你获取成功和创造业绩制造了障碍或设置了藩篱。

它发生在现实生活的各个层面——家人、朋友以及工作中。在"不能"的陷阱里,发号施令者是与你唱反调的人。他们会控制规则,限制你的可能性,并会在某些情况下对你进行定义,于是围绕你的界限形成了,个人成长陷入了停滞,发展前景受到了制约。

"不能"的陷阱是秉持柠檬式生活态度的人们的驱动力，也是人们制造借口、安于现状、盲目追逐变化，以及难以过上柠檬水式生活的主要原因。他们屈服于对风险的恐惧，并把别人的评价凌驾于自我评价之上。他们因为不积极主动控制自己的人生道路，所以允许他人控制他们的命运，这就自然地影响了他们充分发挥自我潜能的能力。

无论你来自哪里、有没有钱，也无论你的生活状况如何，总有人会对你说"不能"。

"你进不了那所学校，因为你不可能进去。"

"你得不到那份工作，因为你不够格。"

"你不能搬到那里去住，因为你谁也不认识。"

"你不能创办那家企业，因为竞争太激烈了。"

你曾经听到过这种话吗？反正我曾听到过。曾经多少次有人对你说过"不能"？曾经多少次有人嘲笑过你的梦想？曾经有多少人质疑过你的能力？曾经有多少人对你表示过不信任？

当听到有人对我们说"不能"的时候，我们会感到压抑、沮丧和局促不安。人们告诉你不能做某事时，他们的否定态度通常与你毫无干系。相反，他们是把自己的恐惧投射到你身上。

他们不敢申请那个学校，因为不想收到拒绝信。

他们害怕换工作，因为担心不被聘用。

他们不敢搬家，因为不知该如何结交新朋友。

他们害怕创办企业，因为不知该如何面对竞争。

这个人很可能是个爱找借口的人。爱找借口的人无处不在，他们可能是你的父母、老师、老板、朋友、配偶或其他家庭成员。

任何人都可能掉入"不能"的陷阱里，但爱找借口的人最容易深受其害。讽刺的是，"不能"的陷阱恰好是他们的安乐窝，在那里他感觉最舒服。每一个爱找借口的人的头脑中都有一道栅栏，一道又高又牢固的栅栏将他们从四面包围着。有人把这道栅栏放在那儿，迄今为止，爱找借口的人也没想过要将它移走。随着时间的推移，爱找借口的人已经学会了不去攀爬和越过这道栅栏，也从不试图靠近它。为什么？因为太浪费时间、太耗费精力了。

然而，现实却通常与爱找借口的人的想法大不相同。从近处看，这道栅栏其实要小得多，牢固性不强，当然也不是带电的。如果你沿着它走上一圈，就会发现它甚至不是连续的。换句话说，它有些地方是有漏洞的，你可以由此钻到它的另一边去。爱找借口的人不会用这种眼光看待这道栅栏，他们如果曾经尝试过但被卡住了,那么可能会一直被困在这道栅栏里。这是属于他们的世界,而且还有许多爱找借口的人希望你也到这道栅栏里来过日子。

不要让他们把不安全感强加于你,生活中很少有什么事是有严格的先决条件的。是的,如果投不出时速90英里(1英里约为1.61千米)的快球,你就无法成为美国职业棒球大联盟的投球手。但成为一名成功的企业家,并没有什么先决条件。拥有最佳点子的人总是会赢,而你也可以拥有这样的点子。想当首席执行官,你不必非得上商学院。同样,想要赢得选举,你不必非得具备从政经验。

记住:生活中总会有人为你加油、支持你、爱你。

也会有人不理解你,这便是生活的真相。不管你做什么、多么和善和友好,他们都不会站在你这边。你可以去努力尝试争取他们的理解,但无论怎么做,他们都不会为你鼓掌加油。原因也许在于他们,也许在于你。

你猜怎么着?

这没什么大不了的。

一旦接受了这个事实,你就会获得大量的时间和精力。假如你每天都坚持这么做,就是在按照自己的意愿生活。你便不是在寻求他人的赞同或许可,或者总是担心别人会怎么想。你就是在专注于过上属于自己的最美好的生活——这种感觉会非常美妙。

相反，当允许"不能"的陷阱决定你的生活道路时，你就是人为地设置了一道界限来限制自己的生活，就像走路时把沙袋绑在脚脖子上一样。

你跑不动、跳不高，也爬不远。当这种外部对话（有人告诉你"不能"）变成建立在自我怀疑基础上的内心独白（"嗯，也许我真的不能"）时，我们将开始陷入一种危险的境地。当我们开始告诉自己，我们做不到或情况对我们不利时，就很可能会向"不能"的陷阱缴械投降。

在个人财务背景下，"不能"的陷阱是这样的："我不能过上自己理想的生活，因为挣钱不够多。"

在职业生涯中，"不能"的陷阱是这样的："我得不到那份工作，因为他们永远不会雇用我。"

界限不仅会定义我们，而且还会限制我们，把我们困在盒子里。

说到盒子，让我们拿出纸和铅笔，画一个2英寸（1英寸约为2.54厘米）见方的盒子，要把盒子边框画得厚厚的。

在盒子里写下你的每一个人生目标，包括个人、职业生涯、经济以及精神方面的。

当你把所有的人生目标全装进一个盒子里时,你的感觉如何?

问题是,你根本做不到。盒子实在太小了,它的边框代表你生活中的所有界限,爱找借口的人每天便生活在这种界限中。当我们为自己的人生目标设置了界限时,就自动地为自己的个人成就设定了限制。我们的人生目标也就失去了实现的空间,因为它们被厚厚的边界限制住了。

现在让我们把盒子擦掉。擦的时候,要想象你是在将自己生活中的障碍清除,是在将阻碍你进步和对你形成挑战的东西清理掉。你擦拭这张纸的时候,要想想你擦掉了什么。你是在清除人生道路上的障碍,是在重新铺就一张白纸,以便描绘最美好的人生画卷。这样一来,事情就变得容易多了,因为你拥有了更多空间,可以随心所欲地书写、思考和想象。随着边框的消失,盒子也荡然无存——余下的只有自由的空间和开放的个人机遇。我想让你在一生中不断重复这样的主题:清除前进道路上的障碍。

我们该如何清除这些障碍呢? 可以通过以下三种方法来进行:

1.审视你的"狼群";

2.给自己开一张百万富翁支票;

3.学习发明家们的秘诀。

想要逃离"不能"的陷阱,第一种方法是审视你的狼群。

● 审视你的狼群

你的第一个狼群是由你的个人小圈子里的人组成的,他们是让你付出时间、精力和注意力的人。你的狼群成员可以是你的朋友、家人和同事或任何在你生活中扮演重要角色的人。作家吉姆·罗恩曾经说过,一般来说,你就是与你交往最密切的5个人的平均值[1]。罗恩的观察结果至少有一部分与平均律有关,即结果是所有情况的平均值。因此要把你的狼群视为对你影响最大的群体[2],他们可以影响你的观点、行为、情绪,甚至健康状况。一项针对不同年龄段的涉及30多万名成年人的调查数据显示[3],拥有一个合适的狼群可以让你的寿命延长50%[4]。研究还表明,拥有不合适的狼群会增加你患心脏病、高血压和肥胖症的风险[5]。

你最近一次郑重其事地审视你的狼群是什么时候?

你的狼群里都有哪些人?请大声说出他们的名字。

想想你名单上的这些人,他们是你真正想要密切交往的人吗?问问自己:我的狼群是会让我越来越好,还是会让我越来越糟？更重要的是，当你在狼群里每个成员身上投入时间和精力后，你是否变得更加优秀了？他们是在帮你实现梦想，还是在扯你的后腿？

如果其中不止一人在扯你的后腿，你就应该想办法让他们离开你的狼群了。说得更直接一点，你就应该将他们请出去了。你的生活中没有多余的空间来存放多余的包袱，你需要的是资产，而不是债务。

要花时间同你钦佩的人交往，他们才是你的良师益友。他们会促使你挑战自我，让你成为最好的自己。如果你想从事市场营销，那就花时间同能说会道，以及了解顾客、产品和市场需求的人士交往；如果你想学习更多的音乐知识，就花时间同作曲家、表演者和制作人共度时光，他们会与你分享他们的创意；如果你想在医学领域有番作为，就花时间同医生、护士和现场急救员交往，以便学习该如何处理问题和做出决策。

你与你的狼群成员之间并非单向交往，而是共生关系。对于每个曾帮助、指导和改变过你的人，你一定要知恩图报，帮他们实现梦想。

爱找借口的人懒得去打理他们的狼群，相反，他们会与其他爱找借口的人沆瀣一气，并认为他们是同病相怜的。然而，勇敢的颠覆者们十分了解管理的力量——他们知道该让哪些人留在自己的小圈子里，知道可以依靠谁来让自己获得提升。

管理自己的狼群及如何在这上面投入时间——不需要付出多大的努力，但会对你的生活产生巨大影响。选对了狼群，你会更容易逃离"不能"的陷阱。你的狼群会给你以支持和帮助，而不是为你增加障碍或限制。

即便如此，你的狼群也不可能替你完成工作。他们只能为你提供指导、咨询和建议，并鼓励你去挑战和颠覆。他们可以为你提供获取成功所需的正能量，但你必须亲自翻过那道栅栏才行。别人设定的界限毕竟只是别人设置的，你大可不必接受它们，只有你能够对自己的局限性负责。

现在请你创建你的第二个狼群。与第一个狼群有所不同的是，你的第二个狼群包含的是些你不认识但希望认识的人。你可以把这个狼群视为你有史以来最棒的全明星队。假如让你选择最初的 5 名队员，你会选谁呢？为什么？他们都是你敬仰的人，也是你愿意倾听的人。问问自己：在这种情况下，纳尔逊·曼德拉会怎么做？伊丽莎白·卡迪·斯坦顿会如何面对她的反对者？马丁·路德·金又会如何鼓励你去扩大自己的影响？你的梦之队狼群所带来的多样性观点、技巧和才能将有助于扩展你的势力范围，并极大地增加你可以使用的工具数量，让你去应对最艰难的挑战。

你目前有了两个狼群:日常往来的朋友和导师,以及先你一步功成名就,并激励你后来居上的开路先锋。

5X法则。5X法则是一种简单易行的工具,可以帮助你快速识别、评估和管理你生活的重要方面。你不必停止经营自己的狼群。让我们对这个"5X法则"做进一步分析,看看它究竟是如何运行的。

在一张纸上画出5个大盒子,在每个盒子上列出5个条目。

· 第一个盒子:列出你狼群中的5个成员。

· 第二个盒子:列出你工作中相处时间最长的5个人。

· 第三个盒子:列出你最常做的5件事情。

· 第四个盒子:列出去年你真正感到快乐的5个时刻。

· 第五个盒子:列出去年你的5次冒险经历。

来看看你的回答。5X法则有助于你回答以下基本问题:这是你想要成为的那种人吗? 综合来看,这个清单能够反映你最好的自我吗? 如果不能,那就应该重新配置你的时间、精力和注意力。你可以通过5X法则来分析你生活中的方方面面,像分析你的狼群一样。这个清单中的项目不是一成不变的。你可以依据你想要的生活,而不是你当前的生活来改变它们。

当你用可能性代替界限时，你就开启了自己的生活道路，重新定义了一个没有限制的生活。这些可能性可以在"百万富翁支票"中找到最确切的定义。

● 给自己开一张百万富翁支票：金·凯瑞拥有的，你也可以拥有

正确的思维方式能使你扩展自己的可能性，你的承诺和内驱力会推动你去实现自己的目标。太多人首先关注行动，因为他们认为行动才是完成使命的关键因素。的确是这样，但在开始行动之前，你需要具备良好的基础。也许你是世界上最注重执行的人，但如果你的思维方式出现了问题，你就永远难以顺利起步。因此，首先要端正心态，然后其他的一切都会水到渠成。

勇敢的颠覆者们能够发挥自己的最大潜力，因为他们的每一次尝试都始于他们能做什么，而不是他们不能做什么。他们会清除前进道路上的障碍，并创造机会过上自己想要的生活。他们不怕拥有远大的梦想，敢于冲破阻碍。这些远大的梦想始于一张百万富翁支票。

请你拿起支票簿，撕下第一张支票，然后给自己开一张价

值1 000万美元的支票。

是的，1 000万美元。

别担心——这不会让你花一分钱。你要把这张支票放在显眼的地方，以便每天都能够看到它。这张支票将提醒你生活中的可能性，它象征着你的生活将变成什么样子。

金·凯瑞第一次尝试打入好莱坞时并非一帆风顺[6]。他没有多少钱，而渴望扮演的角色也都与他失之交臂。凯瑞经常在晚上把车开到洛杉矶穆赫兰道上，对自己发表一通鼓舞士气的演讲。就像多年后他告诉奥普拉·温弗里的那样，他曾尝试着让自己相信，导演们是喜欢他的，他敬仰的那些人是看好他的，他出人头地的日子也已为时不远了。凯瑞用可视化力量来提醒自己——他与生俱来就有逗人发笑的能力。这令他每晚驱车离开时，自我感觉都更加良好——同时也让他找到了第二天继续奋斗下去的勇气。

就像他后来对奥普拉所说的那样，他会告诉自己："嗯，我一定能饰演那些角色，它们就在那里等着我，只是我还没抓住它们而已[7]。"

有一次，凯瑞决定为他的"演出代理服务"给自己开一张1 000万美元的支票，日期填为1995年感恩节。他把这张支票放在钱包里，在接下来的几年里，凯瑞开始在好莱坞开创他的事业,并锤炼自己的喜剧表演技巧,在拍摄每一个电视和电影项目时,他都不会忘记打开钱包看看那张支票,以便让自己永远牢记自己的人生目标。

随着《神探飞机头》《变相怪杰》《阿呆与阿瓜》的票房大获成功,凯瑞终于超越了他给自己设定的目标。据报道,在1996年电影《王牌特派员》开拍之前,电影公司就预付给他2 000万美元的片酬[8]。

要像金·凯瑞那样善于利用视觉化力量,要用刚刚开给自己的那张支票提醒自己不要忘记生活中的可能性。重要的是,这张支票代表了很多人梦寐以求却从不肯通过努力去实现的一个宏伟目标。顺便说一句,你的目标不一定非得是金钱,对许多人来说,想要的东西并不是金钱。因此,要去找到那张最适合自己的"支票"。

这取决于你自己,且只有你自己能选择逃离或继续深陷在"不能"的陷阱。为凯瑞做出选择的是他自己,而不是那些曾经拒绝过他的选角经纪人和制片人。当你允许自己去为实现比自己的处境更雄伟的目标而努力的时候,一切就已经开始了。当你把这个目标当作你的生活重心时,它就会延续下去。当你每天提醒自己,在别人看来不可能的事情其实是可能的时候,它就会蓬勃发展下去。

秉持柠檬式生活态度的人不会明白这一点，而现在你已经明白了。

● 学习发明家的秘诀

还有一类人懂得在生活中创造可能性的力量，他们是发明家。发明家恰恰生活在一个充满可能性的世界里——他们的技巧就是重新定义可能性。他们具有非常规和不受限制的思维能力，这使得他们能够突破和改变现有情形。向发明家学习，会让你获益匪浅。

我想让你认识其中的两位发明家，他们都是因为谙熟发明家的秘诀而走向兴旺发达的。他们将永远地改变你看待生活的方式和视角。

我会把其中一个最关键和最切实可行的秘诀告诉你，以确保你在生活中获得成功，但这个秘诀可能出乎你的预料。

那就是，愿意失败。

这听起来很奇怪，不是吗？因为没几个人愿意失败。毕竟，获胜的信念已经根植于我们的内心深处。生活中既有赢家，也有输家，两者必居其一，但每个人都想成为赢家。从小，我们就想赢得足球比赛或在与兄弟姐妹的辩论中占上风；

在工作中，我们总想赢得业绩上的胜利，并打败竞争对手。从本质上说，我们都希望事情的发展是一帆风顺的，逃避失败是人类的天性，没有人喜欢失败。失败与失望、羞辱和嘲笑联系在一起。与此同时，如果我们改变观点，认识到失败的意义，就会发现，正因为有这些担忧，我们可以阻止自己激进的行为。

这就是发明家们知晓，而其他许多人不了解的秘诀。

另一种让你逃离"不能"陷阱的方法是不逃避失败，而是去拥抱它。这听起来似乎有悖常理，既然目标总是要赢，那为什么还要去拥抱失败呢？从根本上讲，柠檬水式生活的目标就是赢。获胜永远是首要和至高无上的选择，但我们无须因此去逃避失败或因失败而感到羞愧。如果你愿意赢，你就应该愿意接受失败。在获胜之前，你应该勇敢地采取可能会带来失败的行动。你想知道这是为什么吗？

如果不渴望抓住时机去赢，那我们就失败了；当我们不愿走出舒适区，抓住机会去提高自己时，我们也会失败；当我们不愿冒险去发挥自己的最大优势时，我们同样会失败。这种失败不在于失败本身——而在于缺乏勇气、渴望、行动和进取精神。把失败当朋友是有些不合情理，因为失败意味着你没赢。你输了，不是吗？你没把事情做好；你搞砸了。这是人们对失败的普遍看法,秉持柠檬式生活态度的人也是这么看待失败的,问问那些爱找借口的人就知道了。

爱找借口的人甚至在采取行动前就放弃了,他们已经预料到结果是什么。他们在发令枪响前就输掉了比赛,就像满足现状的人那样,爱找借口的人害怕失败。因为他们担心别人怎么看他们,所以不会采取冒险行为或走出自己的舒适区。他们害怕被别人嘲笑或指指点点。

再看看秉持柠檬水式生活态度的人是如何看待失败的。在勇敢的颠覆者们看来,失败并不是死胡同,而是出路。勇敢的颠覆者们奋力出击是为自己的前途着想,而不是为了给别人留下什么深刻印象。随着时间的推移,他们特立独行的思维模式会提升他们的声誉资本,为什么?因为他们愿意挺身而出,推动事情的发展。他们愿意承受打击,愿意接受挫折和遍体鳞伤的结果。勇敢的颠覆者们也害怕失败,毕竟他们不是超人。对未知感到恐惧没什么大不了的。与其他人的区别在于:勇敢的颠覆者们认为,对失败的恐惧不会阻碍他们采取颠覆性行动,他们认识到,失败没什么大不了的。

失败就是走出你的舒适区,去采取最初的冒险行动,即使结果不是你想要的也没有关系。如果你是勇敢的颠覆者,那么失败绝不会伸手将你推下悬崖,而是会将你向上托举。在追求成功的道路上，失败是可以接受的。更重要的是，你该对失败做何反应。人们普遍认为，失败并不是成功的对立面。相反，失败是一个不断学习和实验的过程。

还是听听詹姆斯·戴森怎么说吧。

为造出更好的真空吸尘器，这位发明家
曾经历过 5 000 次失败

詹姆斯·戴森在花了 15 年的时间，制造了 5 126 个真空吸尘器原型之后，才最终发明了他最为畅销的无尘袋式双循环真空吸尘器[9]。

当时，无尘袋式真空吸尘器的概念对人们来说还很陌生。吸尘器怎么可以没有用来收集所有垃圾的袋子呢？垃圾该到哪里去呢？能够想象得到，爱找借口的人一定会嘲笑戴森的想法，因为在那个时候，吸尘器都是有袋子的。界限都是别人早已设定好了的。戴森不是想要制造出更好的真空吸尘器，而是想改变人们已有的关于真空吸尘器的观念。他关注的是可能性，而不是界限。

勇敢的颠覆者们推动创新、促进技术进步，并创造突破，重新定义我们的生活方式。像戴森这样的发明家一旦想要成就一番伟业，他们的梦想往往比其他梦想家的更为远大。这

并不是说最远大的梦想一定能赢，而是说他们看到的是一件东西将来会变成怎样，而不是它目前看上去是什么样。

一般来说，实现远大梦想需要长期艰难的跋涉。这是一个需要反复尝试的过程，其中会有迂回曲折、跌宕起伏，甚至会遭遇彻底失败。像戴森这样的发明家知道，失败是一个迭代过程[10]。失败会驱动你采取下一步行动，让你比上次做得更好——换种不同的方式继续尝试。勇敢的颠覆者们明白，失败会让你学会很多东西。成功很少是立竿见影或无缝衔接的，否则只能说明你的目标不够远大。

作为一个发明家，戴森一生都在经历失败。现在我们知道他是一位曾被授予爵位的亿万富翁，钦佩他的无限创造力和辉煌的成功业绩，却不知道这些都是失败为他带来的。因此，对勇敢的颠覆者们来说，他们的失败次数往往多于成功次数。就像戴森那样，有时正是因为做错了才会让你发现其他人没发现的东西。只有那时你才会去测试、挑战和质疑失败的原因。"为什么"会引导你找到解决问题的方案。通常情况下，失败不仅不是发现新机会的障碍，反而是推动你把事情做得更好的潜在跳板。只有敢于投身其中，赴汤蹈火的人最终才会占据上风。

也许有时，你做了所有你认为应该做的事情，但还是失败了。勇敢的颠覆者们不像爱找借口的人们那样担心生活是否公平。当事情的发展没有按"预期"那样顺利进行时，勇敢的颠覆者们回应失败的方式使得他们与其他人之间的界限变得愈加分明。

这位未来的亿万富翁曾经失去一切

27 岁时，山姆·沃尔顿在阿肯色州纽波特市开了他的第一家本·富兰克林百货店。5 年后，沃尔顿让这家商店的年利润从 7.2 万美元上升到 25 万美元，增长了 3 倍多[11]。然而，当沃尔顿想续签租约时，意料之外的事发生了。

沃尔顿得知他的租约中没有续约条款，他忽视了这个细节[12]。尽管沃尔顿生意做得很成功，但他的房东 P.K.霍姆斯却拒绝和他续签租赁合约。霍姆斯是当地一家百货商店的老板，他想让自己的儿子取代沃尔顿来经营这家商店。霍姆斯十分清楚，沃尔顿没法将他的百货店搬迁到纽波特市的其他地方，于是他强迫沃尔顿把生意卖给他。沃尔顿本来以为他已在这个地区建立了最好的百货店，而且一切都将会顺风顺水。

而现在，他突然失去了这一切。

如果你是沃尔顿，你会怎么做？很多处境相同的人也许会另谋高就,或者在纽波特市开一家新公司。

沃尔顿是怎么做的呢?

他的做法是推倒重来。他在距此275英里外的阿肯色州本顿维尔开了一家自助式百货商店,随着时间的推移,他成了美国最大的独立百货经营商。他是怎么做到的? 一是他积极主动,二是他不走寻常途径。

与大多数零售连锁店不同的是,沃尔顿将重心放在了距离公司区域货仓不远的小城镇上。他创建了一种新式自助购物服务模式,这种模式能让购物者掏更多的钱[13]。正如理查德·泰德罗在《影响历史的商业七巨头》一书中所指出的那样,沃尔顿通过大量进货来压低进价,并采取单一出纳员的方式来降低人工成本,这些改变有助于沃尔顿通过更多地让利于消费者来扩大产业[14]。有时,你的最低谷也会变成你的最高峰。

他以这些原则作为开展下一步行动的支柱。44岁时,为了扩大规模和增加收益,沃尔顿又开了一家新超市,他将其称为"沃尔玛"——这次尝试让他成了一位亿万富翁。

沃尔顿是如何从失败中重新站立起来的? 他签了一份糟糕的合同,丢掉了生意,被迫离开了原来的城市。嗯,这种情况比起重整旗鼓、择日再拼好不到哪里去。像沃尔顿这样勇敢的颠覆者明白,沉湎于过去所犯的错误不仅毫无裨益,而且最终会让失败变成难以消除的障碍。

勇敢的颠覆者敢于直面问题,不会让别人来定义他们。霍姆斯也许可以夺走沃尔顿在纽波特市的生意,但是沃尔顿知道暂时的障碍是可以克服的,而处境也是可以改变的。勇敢的颠覆者还知道该如何东山再起、重振雄风。沃尔顿的远见卓识让他把自己的生意重建在一个非传统区域,并对物流、销售规划和库存做了深入细致的思考和谋划。他相信自己的直觉——他要建立世界上大型的零售业帝国之一。

离开纽波特市 19 年后,为了庆祝沃尔玛第十八家分店的开张,沃尔顿又回到了这个城市[15]。纽波特市的顾客们很快就选择了沃尔玛,而由沃尔顿创办、当时仍由房东儿子经营的本·富兰克林百货店则只好被迫关门大吉。

接受失败并不意味着向它低头认输。戴森和沃尔顿的故事向我们展示了勇敢的颠覆者们是如何让失败变成过眼云烟的。它发生过,然后又消失了。如何对自己重新定位决定了你生活篇章的下一页是什么。

Chapter 5

拥抱风险所带来的回报

想象一下，有一盘温热的、新鲜出炉的自制巧克力曲奇，上面写着你的名字。

想要取得这份免费而又美味的奖品，你必须步行10分钟，爬上一座陡峭的小山。

你愿意这样做吗？

当你还在思考这个问题时，秉持柠檬式生活态度的人早已经知道答案了。

善变的人一听到"巧克力曲奇"，就变得兴奋起来。

爱找借口的人一听到"陡峭的小山",顿时失去了兴趣。

因为秉持柠檬式生活态度的人是根据风险或回报来做决定的。

要么有个巨大的回报(谁不喜欢巧克力曲奇呢？)在等着他们,他们才想去抓住机会;要么存在太大的风险(爬一座小山？你没开玩笑吧！),他们才会去回避它。

善变的人主要关注回报,所以他们常常忽略风险的存在。

爱找借口的人主要关注风险,因此他们经常错过回报。

与他们不同的是,勇敢的颠覆者主要通过以下三种方法来处理风险与回报的关系:

1.善于利用风险回报比率;

2.保护消极面;

3.拥抱风险所带来的回报。

为了评估风险和回报,勇敢的颠覆者也会事先收集更多信息——比如山有多陡,需要走多长时间,以及他们能得到多少曲奇。

善于利用风险回报比率

　　勇敢的颠覆者不会依据风险或回报的多寡来做决定。相反，他们关注的是风险和回报之间的关系，这是他们能够做出更佳决策的关键所在。

　　注意爱找借口的人、满足现状的人、善变的人，以及勇敢的颠覆者们在评估某个投资机会时的不同之处：

　　·爱找借口的人会说："哦，我不去会投资，因为根本赚不到钱。"他们低估了回报，高估了风险。

　　·善变的人会说："2个月内生物技术股票将会上涨50%，这是明摆着的事。"他们高估了回报，低估了风险。

　　·勇敢的颠覆者会说："到年底，这只股票可能会上涨2倍，但也可能会下跌25%。"只有在了解了上涨面和下跌面的潜在趋势时，你才能做出更理智的决定。

　　为了做出更好的决定，勇敢的颠覆者用了一种叫作"风险回报比率"的工具——若把回报列前，也可将其称为"回报风险比率"——就是将你愿意承担的风险和你可能获得的回报做比较。在每个"风险回报比率"中，风险与回报都是相互关联、密不可分的。重要的是，这个方法并非让你消极悲观或去规避风险。相反,它的意义在于让我们了解每个决定所包含的整体含义,以便我们做出足够理性的选择,并获得更好的结果。

那么该如何利用"风险回报比率"来帮助你做出更好的选择呢?"风险回报比率"是指对于每一个你可能失去的机会来说,你的潜在回报应是你潜在损失的数倍。从传统上讲,"风险回报比率"是应用在金融环境中的,在其中你可以通过量化蕴藏在潜在机会中的上涨面(可能获益多少钱)和下跌面(可能损失多少钱)来评估某个金融决策的价值。但你还可以将"风险回报比率"应用于其他语境中。例如,这里有一个快速的方法,你可以用"风险回报比率"对某个新的工作机会进行评估。首先,你要创建一个传统的加减法清单,在其中列出有关这项工作的所有积极面和消极面,然后用1~5分给每个属性打分。5分为最高分,1分为最低分。

你的清单可能如下表所示：

我该接受这份工作吗？

积极面	得分	消极面	得分
工资	5	工作与生活的平衡	3
福利	4	通勤	3
文化	5		
团队	4		
总计	18	总计	6

这份工作的积极面或称为回报的总和得分为18，而消极面或称为风险的总和得分为6。它的"回报风险比率"是18：6，18除以6，即回报风险比率为3：1。一条很好的经验法则是：如果你认为一项工作的"回报风险比率"至少是3：1的时候，那你就应该抓住这个机会。这意味着你的潜在"赢率"（回报）是你的潜在"损率"（风险）的3倍。由于你的风险容忍度可能与他人不同，所以你可能想追求更高的回报风险比率，以便让自己感到更满足。例如，在5：1的回报风险比率中，你的潜在赢率应至少是你潜在损率的5倍。不管你想

要怎样的回报风险比率，它仅是整体评估中的一个数据点而已，终究只是一种有根据的猜测，而不是一门精确的科学。

对某个决策进行评估时，一定要均等地权衡它的利弊得失。很多人打算这样做："我很想去好莱坞当电影明星，就像莱昂纳多·迪卡普里奥或斯嘉丽·约翰逊那样。我只想做出一个重大突破，然后过上自己想要的美好生活，即便不成功，至少我的人生也没有什么遗憾了。"

错了。这不是做决定的正确方法。

因为你没有考虑过它的风险和回报之间的关系，而只考虑了回报部分——这很容易。每个人都向往它的积极面：名利双收、风光无限。那么它的消极面是什么呢？这个决定会让你从根本上失去什么？你的人生无怨无悔当然是件好事，努力抓住机会也是件好事，勇于创造业绩更是件好事。然而你却可能失去很多年的私人生活空间、同家人团聚的幸福时光，以及稳定的收入来源。

你愿意下这样的赌注吗？对一些人来说，答案是肯定的。但对另一些人来说，他们却未必愿意去冒险，尽管这样做有着巨大的潜在回报。

在权衡利益和风险时，一定要注意做到均等和真实，以便让自己做出更明智的决定。这意味着要用同样的方式来量化积极面和消极面。否则，你就是自欺欺人，假装了解风险与回报之间的关系，而实际上只是了解回报而已。积极面总是更容易被想到，那也是乐观主义者被吸引的地方，然而你却做出了一个有失偏颇的选择。它很容易让你相信，你正在做某个符合实际的决定，但那却是一种不公平的对比关系。

一种能让你的决策过程更清晰的策略是跳到未来，然后往回看。想象你想要成为一名演员，花了30年时间不断试镜，却始终没有什么重大突破，你感觉如何？当你50岁时还没当上主角，你认为这样做值得吗？通过往回看和审视职业生涯的结局能让你把事情看得更清楚一些。

无论你在评估一项投资，还是在选择下一份工作，把握好风险回报比率都有助于你获得更好的结果。

● 避免不利因素

关注自己能挣多少钱是人类的本能，然而与能挣多少钱相联系的是，你还应关注会损失多少钱。做决策的重要原则之一是避免不利因素，也就是要降低风险，但太多人会主观臆断地让机会带来的兴奋感扰乱他们对真实风险的判断。

记住，风险和回报关系中有两个组成部分：有利因素（回报）和不利因素（风险）。关注有利因素是很容易的，但重要的是，不利因素通常被认为是次要的，为什么？不利因素也是你赌注的一部分，它会让你的回报受到影响。控制或限制不利因素，就等于保护了你的劳动成果。

那么，该如何避免不利因素呢？你可以用以下三个简单易行的方法来降低风险：

· 在购买的过程中赚钱。

· 控制头寸规模。

· 知道该何时退出。

在购买的过程中赚钱

大多数人认为只能通过卖东西来赚钱，他们认为那才是兑换现金和计算利润的时刻。

但你的钱是在购买过程中赚到的，是你在承诺购买之前通过辛勤劳动赚到的，以你打算买一套房子为例。如果在承诺购买之前了解了一套房屋的结构、社区安全状况，以及学区学校的教学质量情况，你就比大多数"买家"对这栋房屋有了更多的了解。在承诺购买之前说"不"比在完全上套后说"不"要容易得多。你永远不可能掌握它的所有信息或预料到每一个风险，但是可以付出应有的努力去做足功课，了解你将要"购买"的东西。如此一来，出现风险时，你就更能从容应对。

把控好切入点看似是一种短期思维，恰好相反，你是在为能够更成功地退出做准备，这是为保护你的长期行为而付出的短期关注。无论你在生活中做出什么样的决定，你的退出都不会是你的关键性时刻。要学会在购买的过程中赚钱。

控制头寸规模

头寸规模是指先对你的重要事项进行排序，然后将更多时间和精力分配到这些事情上去。

投资时，你会把更多的钱投入最为信任（你最有信心）的投资项目上，同时会把相对较少的钱投入你最不信任（你最没信心）的投资项目上，以便控制你的头寸规模。你通过做足先期工作来培养自己做决策的信心。如果你押对了较大的赌注，它就会推动你继续投资，如果押错了小一些的赌注，那相对来说影响也会较小。会不会出现相反的情况呢？也就是说你押错了较大的赌注或押对了较小的赌注？是的，会出现这种情况。但关键在于，你通过投资最有信心的项目的想法降低了风险，从而降低了出现相反情况的概率。勇敢的颠覆者更多地投资于他们了解的项目，较少地投资于他们不了解的项目。与此相反,善变的人会以投机的名义投资所有项目。控制头寸规模不同于分散投资,后者是指把钱分散到不同的投资类型上,也就是不把所有鸡蛋都放在一个篮子里。

　　生活中,你可以通过花更多时间同支持你的人相处,以及抓住更多让你产生灵感的机会来控制你的头寸规模。要去关注能为你带来最大利益的人和机会,无论这些利益是关于个人的、专业的、经济的、情感的,还是任何其他类型的。同样,尽量少在让你意志消沉的人和机会上面浪费时间和精力。从道理上讲,这似乎简单得很,但你多久系统化地练习一次?

　　只有付出努力去了解了自己所做出的选择之后,你才会做出那些判断。既然你的时间和精力是按等级排序的,你就不必总是做出正确的决定。无论做多少准备工作,你的决定也不必然正确。其目的是让你提前做好功课,然后把更多的时间和精力投入你最有信心的人和机会上去,他们会给你的生活带来价值,以便让你增加成功的概率,减少失败的风险。当你对这些决定进行排序,并把更多的时间和精力放在你最为信任的事情上时,你的人生将变得更有条不紊。

知道该何时退出

我们曾被教导过要永不言弃，要坚持到底，永不妥协。

然而，放弃和知道该何时退出并非同一回事。保持常败的"捷径"就是抓住"失败者"不放，这个失败者可能是一份压力山大却毫无前途的工作，也可能是几年前就该结束的一种关系，还可能是你的狼群中对你毫无裨益的一个成员。但我们不想放弃，因此继续忍耐和坚持，这就是我们曾被教导要做的。我们害怕失败，担心别人怎么看我们，害怕被贴上半途而废的标签。我们关注的不是自己的幸福，而是潜在的负能量。我们肩负重担，维持着坏习惯，并重新点燃早就该熄灭的蜡烛。

"哦，这只是一种暂时的挫折而已。"

"事情会变好的。"

"这不是他们的错。"

然而，那个被你紧抓不放的失败者可能再无"翻身"之日。逃脱失败的局面需要自律，尤其是当你已经投入时间、精力或金钱的情况下。懂得该何时退出是帮助你保护并最大化自己的积极面的极佳途径之一。尽管越快采取行动越好，但亡羊补牢，为时未晚，在经历下一次挫败前重新定位你的罗盘还不算太晚。

● **拥抱风险所带来的回报**

避免不利因素只是拼图的一半,另一半是找对你所要承担的风险,那么该到哪里去寻找机会呢?

像发明棒棒糖机的人那样[1]

人们很容易会跑到硅谷或华尔街去寻找机会,因为那里是财富和权力中心。人们很容易会选择科技创业公司,因为它能让你发财。相比之下,与大多数人背道而驰则会让你看上去很奇怪,并成为另类。有些人会摇摇头,觉得你是个傻瓜,白白浪费了大好的机会。

想要成功,不一定非要去创建科技公司或对冲基金;想要产生影响力,不一定非要成为托马斯·爱迪生或阿尔伯特·爱因斯坦;想要在加州淘金热期间发家致富,不一定非要成为一名矿工,你还可以去开一家旅馆(矿工们需要住处)或者开一家餐馆(矿工们需要吃饭),或者开一家工具店(矿工们需要补给品)。

几乎人人都知道比尔·盖茨、杰夫·贝索斯和史蒂夫·乔布斯是谁。如今他们是家喻户晓的人物,但他们只不过做了别人从未做过的事情而已。他们所承担的风险造就了许多不朽的产业，以致人人都想去分一杯羹。然而在他们创业之初，他们的同班同学们并不是都愿跟他们去帕洛阿尔托或西雅图。当你为创造下一个机会做准备时，务必牢记这个事实。以下发明家做到了这一点。你可能从未听说过他们的名字，但一定用过他们发明的产品。

易拉罐发明者:厄尼·弗雷兹 [2]

易拉罐开启的声音是世界上具有较高辨识度和令人神清气爽的声音之一，而这一切都归功于一个名叫厄尼·弗雷兹的人。1959年，在一次野餐中，工程师弗雷兹意识到自己忘了带饮料罐开罐器。是的，饮料罐过去需要用一个开罐器，甚至一把钥匙来开启，因为不借助工具便没法打开它。你猜那天他怎么做的？像许多挖空心思的黑客一样，他找了这样一件东西来代替开罐器:汽车保险杠。

几个月后，在一个不眠之夜，他对开罐器面临的窘境做了很多思考。有人曾设想过使用易拉环，但拉环的顶部常常发生故障。弗雷兹意识到，解决问题的关键在于强化罐头内部的铆钉。当拉环被连接到罐体中心位置的预置铆钉上时，拉杆就可以被拉起，而且不会折断。

弗雷兹把这项发明卖给了美国铝业公司，后来又创建了一家罐头盒机械供应公司,该公司年收入超过5亿美元。

总结:在日常生活中寻找机会需要勇气。如果别人已经尝试过和失败过,那你要感谢他们帮你确定了哪些方法行不通,以利于你去关注那些可行的方法。

自动棒棒糖机发明者:萨姆·博恩[3]

虽然不是他发明的棒棒糖或棒棒糖的棒子,但这个名叫萨姆·博恩的俄罗斯移民发现了一个有助于提高生产加工效率的方法。1912年,博恩发明了与他本人同名的Born Sucker Machine,它可以机械地把棍棒插入棒棒糖中。

博恩创建了Just Born公司。这是一家制造糖果的家族企业,生产知名糖果,比如Peeps,Mike and Ike,以及Hot Tamales。因发明了棒棒糖机,博恩在1916年被授予旧金山市金钥匙奖。

总结:你可以找到更好、更快和更简单易行的方法来提高生产效率,这正是勇敢的颠覆者所要做的事情。

现代带橡皮的铅笔发明者:海门·李普曼[4]

19世纪50年代,既有铅笔,也有橡皮,然而,却没有带橡皮的铅笔。1858年,文具商海门·李普曼打破了这一状况。他注册了首个带有橡皮的铅笔专利,然后以10万美元的价格卖给了约瑟夫·雷肯多费尔。

1875年，美国最高法院在雷肯多费尔诉法贝尔一案中裁定：这一铅笔与橡皮的组合体不是一项合法的发明[5]。在提交给法院的意见书中，法官沃德·亨特写道："若要为组合体申请专利，那它们组合而成的实体或程序必须能够产生不同于它们各自部分所能产生的效力、效果或结果。这种组合体必须能够产生一种新的结果。如果不是这样，那它只能算是一个多种独立元素的组合体。"结果是，像法贝尔这样的铅笔制造商完全可以在不必补偿雷肯多费尔的情况下销售带有橡皮的铅笔组合体。

总结：以上故事中，有两位企业家参与了游戏。一个赢了，一个输了。但他们都是勇敢的人。

布兰诺克鞋码测量装置发明者：查尔斯·F.布兰诺克[6]

1925年，鞋业企业家之子查尔斯·F.布兰诺克发明了一种鞋码测量装置——布兰诺克装置，它用来测量脚的长度、宽度和拱度，以便为顾客挑选合适尺码的鞋子。布兰诺克曾求学于锡拉丘兹大学，他花了两年的时间来完成他的发明，最终让它成为美国将近一个世纪以来的标准鞋码测量装置。

在布兰诺克发明这一装置之前，顾客是用一根木棒来测量鞋码的。布兰诺克的鞋码测量装置为他父亲在锡拉丘兹的鞋店——帕克–布兰诺克制鞋公司（Park–Brannock Shoe Co.）创造了奇迹。

第二次世界大战期间，美国陆军雇用了布兰诺克来确保军队士兵拥有合适尺码的靴子。

总结: 假如有机会能将某件事做得更好，那就去做吧！假如旧方法不够精确，那就去采用一种更为精确的方法。

修正液发明者:贝特·内史密斯·格雷厄姆[7]

高中辍学者贝特·内史密斯·格雷厄姆曾是得克萨斯银行信托公司董事会主席的行政秘书。随着电动打字机的出现，内史密斯和她的秘书同事们在学习使用这种新机器的时候，出现了越来越多的打字错误。作为一名业余画家，内史密斯知道画家会用颜料来涂改画画出现的错误。那她为何不能用同样的方法来修正打字过程中出现的拼写错误呢？

1956年，内史密斯用蛋彩画的白色颜料调制出了属于她自己的"改错"混合剂。她在厨房里用搅拌机把这种混合剂与染料调和在一起，以便使它与她公司的信纸颜色相搭配。她用小刷子把这种混合剂涂抹在每一个打错的字上，以此把错误的地方覆盖起来。当她开始把更多的时间用在这项副业上,包括把改错混合剂样品分发给工作上的其他几位秘书使用时,她却出人意料地被老板解雇了。

内史密斯并没有因此被吓倒,随即把这项副业变成了自己为之全力以赴的全职工作。后来她把这项产品更名为"修正液"。在接下来的20年里,内史密斯从每月卖出100瓶修正液逐步发展到以4 750万美元的价格将自己的公司出售给吉列公司。

总结:失业也可能成为发生在你身上的最棒的事情。

想要产生影响力,你不一定非要成为家喻户晓的人物。记住——要以发明棒棒糖机的那个人为榜样。

一个秘诀是:想要让自己感到满足,你不一定非要赚取无数的金钱,不必非要把成为亿万富翁作为成功的标准。我们的社会把金钱上的财富看得太重了。对许多人来说,生活的回报已经变成了物质上的快乐,但你不一定非得用金钱来定义你的生活。亿万富翁的标准不一定是你的标准。你可以按照自己对成功的定义,通过多种途径来创造影响,找到满足感。

不要活在别人对幸福的认知里。你所承担的风险是独一无二的,因此你所享有的回报也应该是与众不同的。过上柠檬水式生活就是为了让你获得属于你自己的幸福,而不是他人的幸福。大多数人其实已经清楚是什么让他们发自内心地感到快乐，只是他们无视这一点罢了。

满足感来自你的努力、观点和行动。人们对你的认可来自你的发明创造和你对他人的生活所带来的改变。

你可以通过许多与经济利益无关的方式产生影响力。你的影响力大小并不重要，重要的是你是否在产生影响力。你可以去治愈一种致命的疾病，也可以去拯救一个病人的生命。你可以去开发一种新的教学方法，帮助数以百万计的学生更容易地获取知识；你也可以激励一个学生，使他终身受益。你可以去发明一种新技术来简化10亿人的生活，也可以去教会10个人使用互联网。去寻找属于自己的目标吧，看看人们还缺少哪些东西。要一门心思地去创造自己的影响力，这就是你拥抱风险的方式。

但是，当你所承担的风险不能带来你所期望的收益时，你该怎么办？翻译过来就是：当你失败时，会发生什么？失败能够为你的生活带来的东西超出你的想象。我们都曾经听说过，失败没什么大不了，因为它是你生活的一部分，但在实践中却让人难以接受。然而，失败并不是我们必须强迫自己去欢迎和接受的一片乌云。如果你向勇敢的颠覆者们请教这个问题，那他们会告诉你，失败绝不是敌人，而是朋友。

失败可以成为你的朋友的5个理由

我们常常不敢冒险，原因是多种多样的。比如，我们不相信冒险所换来的结果值得我们去投入时间、努力或金钱。我们觉得回报不值得我们去冒险。其中最显著的原因是，我们经常会把风险和失败联系在一起。失败的后果所带来的长期影响——不仅有经济上的，也有情感或心理上的。失败会让人伤心，但也可磨炼意志，并为你提供很多免费的信息和反馈。它们比成功给你带来的收益只会更多，不会更少。成功有助于让你认识到你的优势是什么，而失败则会让你知晓成功的可能性。

记住:每个人都有机会获得救赎。如何对待失败决定了你是一个怎样的人。

以下是失败可以成为你的朋友的5个理由。正如我们在《天才发明家》一书中所了解到的，勇敢的颠覆者们就是这样来看待失败的，而你也应该这样去做。

● **失败让你头脑清醒**

你可以通过失败来研究失败的原因,并了解自我,这是你在一贯成功的情况下无法做到的。当你取得成功时,你会时常坐下来检视其中的原因吗? 应该不会。因为赢的时候,我们总是感到开心和满足,满足现状的人就是这么过日子的。但这会导致你很少做自我反省,因为你做什么都是有效的。当你失败时,你往往更能够找到失败的原因。也许是你努力程度不够、缺乏足够的练习、缺少好的工作规划,或者只是因为运气太差。你可以评估错在哪里,并对准备工作、行动过程、表现、失误及结果中存在的根本问题做出诊断。这不是教你自责,而是让你改掉坏习惯,放弃错误抉择和不明智的策略。

学会面对自己的失败吧! 不要逃避,不要沉溺。要去研究它们,要从中吸取教训。要搞清楚到底错在哪里,为什么你认为它错了,以及它是怎么错的。

记住:在自省过程中,你会有种挫败感,但也会获得许多极其珍贵的数据,你可以利用这些数据重新规划自己的行动,为下一次任务做好准备。

● 失败促使你采取新的冒险行动

经历失败时，你会去学习、成长、展现出勇气，并承担风险。如果你总是很成功，那也是在给你传递信息，说明你没有闯劲、不够勇敢、不愿做任何尝试。这还说明你是个满足现状的人——总想无忧无虑、顺风顺水地过完一生。

为什么？因为逃避失败会让人感觉更好，失败会使人感觉受限。你需要经历跌倒、受伤的过程，承受一些打击。勇敢地冲进竞技场吧！不要怕"弄脏"自己。

记住：失败没什么可耻的。你必须迈出第一步，必须承诺去尝试。尝试得越多，你创造的机会就越多。

● 失败是你重新开始的跳板

我们认为，当我们失败时，生活就结束了，一切已成定局。我们输了游戏、没谈成这桩生意、搞砸了这场推销宣传、没获得晋升、投资泡汤了。

事实并不是这样的。

失败时你会感到很沮丧，没有人会为你欢呼。我们对失败的自然反应可能会包括羞愧、挫败和尴尬。

失败也可以为你重新开始打开一个窗口。一旦你找到隐藏在失败背后的原因，它就可以为你恢复生机提供平台。失败并不意味着游戏的结束，你还有东山再起的机会，而下次你会做更充分的准备。暂且把前面的失败当成一场演练，你去尝试过了，就会明白哪些事情是有用的，哪些事情是无用的。

记住：失败是一种免费的反馈，它让你知道下次该如何做得更好。

● 失败使你谦虚

如果你总是赢，会变得骄傲自满。既然你目前所做的一切都是富有成效的，那为什么还要去尝试新的东西，或者去迎接新的挑战呢？一段时间以后，你不仅会变得骄傲自满，还会变得害怕失败或害怕做任何可能危及你当前状况的事情。当你不再去扩展你的生活领域或挑战你的生活方式的时候，你就会变得慵懒，你就会陷入日常生活习惯的泥潭而不可自拔。

日复一日，年复一年，时光转瞬即逝，你也就过上了柠檬式生活。

在柠檬水式生活中，你可以观察处于顶端和底部的人们的情况，因此会对世界有更清晰的认识。如果你总是待在自己的舒适区内，就不会去想与失败有关的事情。如果没有思考过失败，你就肯定没有思考过处在底部的人们的生活状况。

太多人愿意身居高位，他们认为那里的生活更容易。身居高位的人存在两个问题：第一，当你总是身居高位时，你看不清现实状况是怎样的，从而会导致你失去竞争优势；第二，当你身居高位时，你要么保持你现有的地位，要么跌落神坛。但处于底部时，你就可以抬起头看清整个世界。

记住：处在底部，可能感觉不好，但它不会让你变得更糟糕。只要抬起头来，你就会发现一切都是积极和向上的。

● 失败越多，你越不害怕它

通常来说，害怕失败比失败本身更糟糕。

害怕会让你错失良机。爱找借口的人和满足现状的人都害怕失败。他们有意识或无意识的计算结果都是避免尝试所带来的风险，这比让他们去抓住机会更为重要。因此他们选择了不作为，而不是去采取行动。还没等踏上战场，他们就已经缴械投降了。

　　第一次尝试你可能会失败，但是学会面对失败会让你在下次尝试时变得不再那么胆怯。你可能会再次失败，但经过第二次尝试后，你会变得比第一次尝试前更勇敢一些。失败会在你的人生旅途中向你伸出援手。如果你被击倒了，那就站起来去抓住那只向你伸出的手！

　　记住：一旦你进入竞技场，未知世界就不再是未知的了。经历过以后，你会对它更加熟悉。

　　失败越多，你就越不会害怕失败。

　　越不害怕失败，你就越有信心。

　　越有信心，你就越能发现机会。

　　越能发现机会，你就越有可能过上柠檬水式生活。

请打开"风险"这个开关

　　你所承担的风险必须适合你。专注于风险或回报会导致你做出不完美的决策。这是满足现状的人和善变的人的行为方式。满足于无法充分发挥你潜能的东西会使你的人生轨迹偏离，你可能会得到比你应得的更少的东西。当你站在回报的角度上思考风险时，你的决策能力会变得更加敏锐。你的信息可能是匮乏的，缺少透明度，但如果你做足了功课，就会发现有无数的机会获取回报。

开关 3
I 代表独立

I

消除从众心理，以获得选择的自由

跟在人群后面的人通常不会比人群走得更远。独自行走的人却可能到达前人从未到达的地方。

——阿尔伯特·爱因斯坦

Chapter 6

你的事业成败取决于两个希腊字母

希腊字母表对你的事业成败起着巨大的影响作用，你甚至可能还没意识到这一点。

希腊字母表的前两个字母 α（阿尔法）和 β（贝塔）不仅是投资者们用来计算、比较和预测投资效益的两个比率，而且是让你事业获得成功的重要工具。

以下是在股票市场环境中，投资者们对于 β 和 α 的看法：

一只股票的 β 系数（贝塔系数）是指相对于股票市场指数而言该股票可能出现的波动程度。

例如，相对于股票市场指数而言，初创阶段的科技公司的β系数往往很高。由于这种公司可能拥有新的技术，或者某些未经证实的业绩记录，因此它们的表现都是极不稳定的。

一只股票的α系数（阿尔法系数）是指该股票的表现比股票市场指数高出多少。

例如，如果你是一名基金经理，人们通常就会根据你的投资组合相对于股票市场指数的表现情况来衡量你的能力。你的优胜业绩就是你的"α"。如果股市指数是10%，而你的业绩是15%，那么你的"α"就是5%。重要的是："α"不是独立存在的——你必须积极主动地去创造它。

尽管这两个字母都是金融术语，但你不一定非得是个股市高手才能够使用它们。以下所讲就是你该如何运用α和β来改变你的职业生涯。

α，β 和你的职业生涯

当你考虑哪个职业适合自己的时候，就从α和β开始吧。尽管了解你工作的β系数是很有必要的，但α系数才是真正重要的。简言之:不要关注工作本身,而要关注什么样的工作你能做得更好。

α 系数是指相对于其他人而言,你能够做得比他们好多少。不要只去选择那些令人兴奋的,或者你的朋友们选择的工作。要去选择那些能够发挥你独特才能和技能的工作。以下是你该如何在工作中创造"α"的几条建议:

·这份工作是你真正想要做的吗?

·这份工作是你真正擅长的吗?

·你在这份工作中的表现会超过你的同事们吗?

·这份工作能够充分发挥你的核心优势和才能吗?

β 系数不是指你自身的情况,而是指相对于其他工作而言这份工作本身如何。

·它的薪酬结构如何?

·工作多少小时?

·员工福利是什么?

·你的工作职责是什么?

善变的人、满足现状的人只关注 β 系数,他们对工作本身最感兴趣。吸引他们的是高工资或名牌公司。他们认为在热门行业或享有声望的职位上工作会使他们走向成功。

勇敢的颠覆者们着眼于 α 系数,以及能让他们超越同行和创造最大影响的机会。他们不会盲目追求高报酬或具有吸引力的岗位。对他们来说，创造"α"始于一条匹配原则：关键在于找到适合自己的工作，而不是为了工作而工作，也不是为了追求高薪或上头条新闻而工作。

善变的人是投机的追求者，也是 β 系数的追逐者——他们寻求具有高波动性的职业。他们总想大赚特赚，把钱投资在可能带来巨额回报的投机性行为上，比如日内交易。

满足现状的人期望拥有稳定的职业和薪酬。他们很乐意在高枕无忧的职业生涯中获得属于他们自己的"市场回报"，既不会太冒险也不会太不稳定——就像当律师那样。

爱找借口的人不关注工作本身：他们只把注意力放在抱怨上。他们抱怨公司、管理层和同事，结果，他们的业绩表现不如同事，也未能发现更大的职业机会。他们错误地把精力用在了损害他人，而不是互利共赢上。职业发展与他们无缘。他们陷进了随便找一个朝九晚五的工作干着以便领取报酬的深渊中。

勇敢的颠覆者们关注"α"，而不是"β"。他们不会像满足现状的人那样盲目追随因循守旧的职业道路，也不会像那些想在华尔街或硅谷工作的善变的人那样追逐"β"——那样做并非因为那是自己的激情所在，也不是天生具有投资或建立伟大的科技企业的能力,而是因为看到了能大把赚美元的迹象。

相反,勇敢的颠覆者们运用以下 3 个原则来提高他们的 α 系数,无论他们从事哪一种职业:

1. 比典型的哈佛遭拒者想得更远。

2. 抓住别人落在牛仔裤货架过道里的机会。

3. 凭借自身"优势"攀登摩天大楼。

你想要在工作中创造"α"吗?那就遵循这 3 个原则吧。

● 比典型的哈佛遭拒者想得更远

马云曾是一名教师[1],而他找工作的过程实在说不上顺利。当他去私企应聘时,没人想雇用他。当肯德基入驻他所在的城市时,共有 24 人递交了求职信,结果 23 人被雇用,马云是唯一被拒之门外的人。他所在的城市招聘 4 名警察,这次他又是唯一遭拒的人。他曾 3 次在大学入学考试中失利,还曾被哈佛大学拒绝过 10 次。

你知道爱找借口的人会对"频频被拒"做出怎样的反应吗?是的,愤懑、泄气和挫败。

但马云懂得如何抓住机遇[2]。1972 年,在理查德·尼克松访问了马云的故乡中国杭州后,那里便成了炙手可热的旅游胜地。十几岁时,马云想学英语,于是一连多年,他坚持骑自行车去当地一家宾馆——杭州宾馆找外国人学习英语,同时免费给他们当导游。尽管从未踏出过国门,但马云说这次经历让他看到了一个充满可能性的世界。

1995年,他利用自己的英语技能踏上了前往西雅图的旅途——为一个贸易代表团充当翻译。在那里,他第一次接触了互联网。朋友让他在电脑上键入任何他想要搜索的东西。尽管一开始接触电脑时他很紧张,总担心弄坏它,负担不起维修费用,但他还是在雅虎搜索引擎上输入了"啤酒"一词。结果看到了包括来自德国、美国和日本的啤酒信息,却看不到有关中国啤酒的信息。接着他在"啤酒"前面补充键入"中国"一词后进行搜索,仍旧一无所获。当他继续输入其他关键词后,仍找不到多少有关中国的信息。

为了填补这一明显的市场空白,马云随即推出了一家名为"中国黄页"(China Pages)的网站,该网站收录了想要寻求与国外客户建立业务联系的中国企业名单。此时,马云对计算机、互联网和电子邮件还知之甚少,但他意识到这是个机会,就去抓住了它。

不幸的是，中国黄页网站以失败告终。离开中国黄页网站后，马云收到一份来自北京的邀请，要他去帮助政府部门推广电子商务。在了解了更多有关电子商务的知识后，马云看到了另一个开创自己的电子商务公司的大好机会。

马云没有钱，没有商业计划，也没有技术，但他还是召集了17个人到他那小小的公寓，同他们分享了创建一家新的企业——阿里巴巴的构想。如今，阿里巴巴已经成为中国大型的电子商务平台之一，而马云自己也成了一位超级亿万富翁。

"想得更远"是指让你的思维超越你目前的范畴，到达你想要到达的及你想要去创造的领域。世界比你所能看到的要大得多。当你想得更远的时候，你自然会拥有更多机会去超越他人，并创造"α"。

马云不会说英语，却看到了学习英语的机会。他以前从未用过键盘，却发现了建立互联网业务的机会。马云在一项工作中了解了电子商务，然后就发现了创造属于他自己的电子商务公司的机会。

马云就是该如何想得更远的典型例证——超越自身，超越你所在的社区，超越你的技能和视野——去创造优胜业绩。

● 抓住别人落在牛仔裤货架过道里的机会

20世纪60年代中期,从事旧酒店翻新工作的唐·费希尔买下了位于萨克拉门托市的国会公园酒店[3]。他把其中一块空间租给了一名李维斯牌牛仔裤的推销员,这位推销员在酒店里成立了一个产品陈列室。当唐从推销员那里购买了两条牛仔裤和一条休闲长裤后,他发现尺码不合适,唐需要一条34英寸腰围、长度为31英寸的裤子,但从配送中心送过来的所有裤子长度都是30英寸的。

很自然地,唐问推销员是否可以把他的裤子换成合适的尺码。售货员回应说,这将是"一场文字工作的噩梦",并建议唐试试到位于旧金山的百货商店去换货。当唐的妻子多丽丝去梅西百货店退换裤子时,她发现地下室有一张凌乱不堪的李维斯牌牛仔裤展示台,展示台上每种尺码的裤子只有5条左右。在这次失败的体验后,唐又去尝试了另一家百货商场——Emporium,但仍找不到合适的尺码。

唐问自己:"如果有人把所有款式、颜色和尺码的李维斯牌裤子放在一家商店里出售,那会怎样?"

于是,费希尔夫妇决定开一家他们自己的商店,取名盖普(Gap),用以出售各种尺码和款式的李维斯牌牛仔裤。盖普商店将目标人群锁定于12~25岁的年轻人,专门销售裤子品类,同时销售唱片和磁带。

缺乏零售经验的费希尔夫妇并不是因为喜欢人们对某个职业的描述才去选择零售业。相反,他们对市场上人们忽视的一个机会加以改造和利用,推出了一个新的专门零售店,以此与百货公司展开针锋相对的竞争——并去战胜它们。

即使是最聪明的人和最著名的公司也有错失机会的时候,你可以通过发现别人错过的机会去创造"α"。行动目标并不总是存在于人员密集的地方,你要去创造它。

● 凭借自身"优势"攀登摩天大楼

劳伦斯·威恩的职业生涯起步于纽约市的一名房地产律师[4]。1927年,从哥伦比亚大学法学院毕业后不久,他创办了一家属于他自己的律师事务所。在接下来的4年里,威恩一直在思考,除去律师工作以外,他还能利用自己精深的法律知识来做些什么。

单凭他一己之力买不起大型的房产项目,但他想知道能否通过将几个小投资者的资金聚集起来的方式来从事合伙经营。有了这个想法后,威恩利用他对房地产和税法的理解开创了一种新的投资结构模式,称为"公共房地产辛迪加"。这种模式使得一小群投资者有能力合伙购买他们个人无法购买的房地产资产。

1931年,威恩及其他三位合伙人每人出资2 000美元买下了位于哈莱姆区的一套小型公寓,这是他们的第一笔投资。在此后50多年里,威恩组织了近百个房地产辛迪加合伙收购项目,有近1.5万名投资者通过所有权或长期租赁权的方式控制了纽约市的地标性房地产建筑物,如帝国大厦和广场饭店等。在不同时期,他的资产还包括公平大厦、第五大道大厦、服装大厦、格雷巴大厦、林肯大厦,以及地标性酒店,如克林顿州长酒店、莱克星顿酒店、圣莫里茨酒店、塔夫脱酒店,以及城镇之家酒店等。

威恩的优势在于他对房地产和税法有着天生的理解能力,两者结合在一起使得他成为纽约市卓越的房地产投资商之一。

优势是指能够为你带来竞争力的专业知识或技能。我们每个人都有自己的优势——去发现属于自己的优势吧!去提升你的工作业绩并创造"α",利用你的优势去做他人做不了或者还没想过要去做的事情吧!利用你的优势,去成为一个受欢迎的人。

尽管以上例子中涉及许多知名度颇高的人物,但你在哪里工作或以什么为生并不重要。你赚多少钱或你的老板是否出名也完全没什么关系。

重要的是你能否在工作中创造"α"。

那么,你该如何找到能让你创造"α"的职业呢?

如何在2分钟内找到一份理想的工作

我们经常听到这样的话:"去做自己喜欢的事情吧,你会取得成功的。"

事情要是这么简单就好了。

做自己喜欢的事情 ≠ 理想的工作

做自己喜欢的事情只是等式的一部分而已,它还包含更多东西。想要在工作中创造"α",你还必须超越他人才行。

想要超越他人,你理想的工作应该符合以下3个标准:

做自己喜欢的事情。你早上一睁开眼睛就兴奋地想去做这件事情。如果你对自己所从事的工作缺乏真正的灵感,你就选错了职业,并永远不会取得优胜业绩。

擅长这项工作。你必须真正擅长这项工作,如果在工作中有一个测试,你应该得到高分。事实上,你特别擅长这项工作,人们会愿意付钱请你来做。假如你不擅长自己的工作,那怎么可能取得优胜业绩呢?

有成就感。你的工作能够满足自己的个人和职业需要,不管你如何定义它们。要选择最能满足你的需要的职业,无论这些需要是经济上的、情感上的、精神上的,还是其他方面的,你有权定义成就感对你来说意味着什么。就你的职业类型而言,不存在一个放之四海而皆准的定义。它对你来说也许意味着经济回报;对你的邻居而言,也许意味着能够帮助他人;对你的朋友而言,也许意味着有健康的情绪和精神状态。我们都在以不同的方式获得成就感,因此要选择一种能够为你带来满足感和圆满感的职业。没有成就感,会让你丧失在工作中创造优胜业绩的激情,最终也就无法超越他人。

把这些概念全都联系在一起,我们就具有了在工作中创造"α"的要素。

因此，找到理想工作的秘诀（理想工作公式）如下：

做自己喜欢的事情 + 擅长这项工作 + 有成就感 =
理想的工作

从本质上讲，在工作中创造"α"的秘诀始于与幸福密切相关的两个要素："做自己喜欢的事情"和"有成就感"。

做自己喜欢的事情的道理是不言而喻的，但我们该如何看待在工作中有成就感呢？工作中的成就感是一种非常个人化的东西，因此你必须创建一个属于自己的系统，以确保你的职业能够满足自己的独特需要。你可以创建一份个人的工作成就感清单，在其中列出你的标准。

以下只是一个例子，你还应该把对你来说最重要的项目添加进来：

工作成就感清单

√ 鼓舞人心的老板　　　　√ 事业发展和进步

√ 幽默风趣的同事　　　　√ 企业文化

√ 任务导向型组织形式　　√ 创造"α"的机会

√ 协同的工作环境　　　√ 适合自己的技能组合

√ 灵活的作息时间表　　√ 师徒制度

只有你才能决定自己需要在工作中实现什么。当你事先做好了准备，你就更容易对清单中每个工作机会的选项进行核查。

既然你已经了解了"理想工作公式"和"工作成就感清单"，就让我们来看看事情的另一面吧！

你知道有多少人因为自己的工作而活得痛苦不堪吗？有些人一生可能要花7万小时或更多时间来工作。许多人甚至无法做自己并不喜欢的事情超过15分钟。然而不知何故，他们却情愿日复一日、年复一年地忍受这种糟糕的工作。

你大可不必痛苦地从事某项工作。太多人借助于"保持坚韧的毅力"或"咬着牙坚持下去"这样的信念来支撑他们忍受连自己都瞧不起的糟糕工作，因为常识就是这样教他们的。他们毫无工作动力，和糟糕的同事一起共事，在不讲理的老板手底下干活，生产着连自己都不想购买的产品，执行着连自己都不认同的任务。这就是人们的工作状况。

你愿意接受一份令你痛苦不堪的工作吗？你愿意接受一

份让你"战战兢兢上班去,垂头丧气回家来"的工作吗?那根本不叫生活——那是无期徒刑,不是吗?

为什么说这种生活如此糟糕?因为你不得不每周花费40、60、80小时或100小时去做你毫不在乎且让你痛苦不堪的事情。你不必让痛苦的工作干扰你本应十分有趣的生活。我们都必须把食物端上饭桌,做出牺牲来养家糊口,但你不必因此去过悲惨的生活,每天忍受工作的折磨。你有权选择你想要的生活。你想做一个每天醒来后准备去从事突破性的工作的勇敢的颠覆者吗?勇敢的颠覆者们不会被大量的工作时间吓倒。他们不介意每周工作40~100小时,因为他们热爱自己的工作并擅长于此,所以会感到满足。他们是"α"的创造者。

抑或,你想成为一个爱找借口的人,终日在痛苦和抱怨中打发时光,任由工作毁掉你的情绪,让你压力重重和肩负重担吗?你想过哪一种生活?

如果你精心管理过你的狼群,那么可能会找到一些喜欢自己工作的人,他们在工作中创造了"α"。如果找不到,就继续寻找,让他们加入你的狼群中,你的小圈子里需要有人能给你带来激励。否则,你的狼群就会成为爱找借口的人、满足现状的人以及善变的人的聚居地。要研究为何其他人喜欢自

己的工作,而你却不;要学习他们的秘诀,并从他们的灵感中
获得启示。

在工作中创造"α"需要具备能让你茁壮成长的工作文
化,你的工作文化是至关重要的。勇敢的颠覆者不会错把倡
导努力工作和高标准的公司当成拥有消极文化的公司。公司
是不会自动运营的。要期待工作对你提出高要求,要期待在
舒适区以外的工作环境中工作,要期待比你的朋友们工作更
加努力。一个建立在高效基础上的公司和一个由领导能力低
下、反复无常的老板控制且拥有消极工作环境的公司是截然
不同的。爱找借口的人会把这两者混为一谈,满足现状的人
会毫不怀疑地接受它们,善变的人两者都无法接受。只有勇
敢的颠覆者明白它们之间的区别,并避开拥有不良工作文化
的公司去创造事业机会。

如果你被困在不良工作文化中不能自拔,或者担心错过
与之相关的警示信号,那么请记住以下这五条规则:

1.远离蠢人金字塔。

2.你可以炒老板鱿鱼。

3.提防披着勇敢的颠覆者外衣的爱找借口的人。

4.你最糟糕的工作也可能是你最好的工作。

5.高层领导者起码应具备五种品质。

来看看每一个警示信号在实践中是如何起作用的。

● 远离蠢人金字塔

假如你所在企业的工作文化存在缺陷，你创造"α"的能力就会受到实质性的挑战。一个主要的危险信号是"蠢人金字塔"。没错——蠢人金字塔。它由3个一般群体构成：

·高级管理人员（高层领导）。

·中层管理人员（中层领导）。

·其他所有人员（基层员工）。

毫无疑问：蠢人金字塔不属于英才管理体制，这是一种自上而下的文化。在这种文化氛围中，责任总是来自同一个地方：高层。它意味着高层领导为公司运营奠定基调。蠢人金字塔结构中存在的问题是，高层领导并非货真价实的领导者，而是些"蠢材"。如果作为蠢材的高层领导向中层领导发号施令，那么通常效仿高层领导的中层领导们也会变成一群蠢材。

你可能会问：中层领导就不会打破这个循环吗？当然可以。处在该位置上的高效领导者会这么做。但中层领导们通常不会这么做，为什么？因为中层领导们都希望有一天自己也会成为高层领导，所以觉得应该与高层领导的行为方式保持一致。但在蠢人金字塔结构中，高层领导都是蠢人，因此中层领导也统统变成了蠢人。中层领导接着再把号令传达给位于金字塔底部的基层员工。基层员工无法对任何人发号施令，却要容忍接受中层领导传达下来的高层领导的命令。因此他们在工作过程中觉得自己不受尊重、不被重视并感到不开心。

蠢人金字塔就此应运而生。它的"光辉族谱"如下图所示：

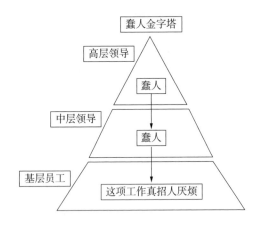

伙计们，事情就是这样的。处在高层的蠢人们将他们的愚蠢命令传达给中层，中层再将他们的愚蠢命令传达给处于公司基层的每一个人。

根据《哈佛商业评论》所提供的数据可知，约有半数的经理人不信任他们的领导[5]。当团队成员对其领导缺乏信心时，就不愿意信任他们和同他们合作。这就是为什么对每一个公司来说，评估自己的文化，并确保消除蠢人金字塔结构的存在是至关重要的。

高层领导：如果高层领导是蠢人，他们的影响就会像一瓶溢出的毒药那样渗透到整个组织内部。

中层领导：你的领导方式不一定非要模仿自己老板的管理风格[6]。研究表明，打破枷锁的最佳途径是培养自己不同于老板的强大的道德认同感。你不必因为高层领导是个蠢人，就非得去做个蠢人。你要定好自己的工作基调，多关照基层员工，并充分尊重他们。

基层员工：如果你的公司存在蠢人金字塔结构，你就该重新思考规划自己的职业轨迹了。问问自己：这真的是我想要去建立自己的职业生涯，并创造"α"的公司吗？

蠢人金字塔结构的存在还会对公司财务产生影响[7]。事实证明，它的代价是十分高昂的。研究表明，工作中的不文明行为会导致工作努力程度、工作质量、工作表现和创造力的下降——而这些都会对公司的盈利能力带来负面影响[8]。一旦不文明行为大行其道，想想会失去多少客户、员工和产能吧。

多年前，思科公司就曾因其不文明行为付出过大约1 200万美元的代价。

　　高层领导们，假如你的公司中有蠢人，就将他们统统裁掉。不要给那些业绩良好的蠢人"开绿灯"，不要对上个季度搞砸了那桩大生意的蠢人手下留情，不要容忍那些聪明的或有创意的蠢人。不然，你会看重他们，而忽视你的团队——这是企业文化和员工斗志的杀手。一旦你为蠢人提供平台，蠢人金字塔就会搭建起来。一旦你将他们移除，蠢人金字塔就会崩塌。

　　无论你是谁，以及爬得有多高，记住一定要保持善良。善良不需要任何天赋。

　　通常，在追求卓越和创造业绩的过程中，我们为了完成使命，很容易形成一种"不计一切代价"的文化。

　　事情是这样的：

　　你仍可以让人们如期完成任务。

　　你仍可以让人们追求卓越。

　　你仍可以让人们保持旺盛的斗志。

　　你仍可以让人们提高效率。

　　你仍可以让人们保持坚定的意志。

你仍可以让人们遵守企业纪律。

但要带着善意去做这些事情。

● 你可以炒老板鱿鱼

你运用了"理想工作公式",并认为已经找到了自己梦寐以求的理想工作。经过仔细审查,也没发现你所在的公司中存在蠢人金字塔。唯一的问题是你还没见过你的老板,因为在你的面试过程中他出差在外。但你是个勤勉的人,想尽可能多地了解有关你新老板的情况,并且按照约定时间准时去上班。然后,你见到了你的新老板,暂且让我们说只是和宣传册上介绍的稍微有些不同吧。

你的老板是至关重要的,因为他或她会对你的职业生活产生最直接的影响,包括你对工作的满意程度。在有关你老板的问题上,有件事是肯定的:差劲的老板可以毁掉一个团队或一家公司,并会成为你在工作中创造"α"的最大障碍。就像你的狼群那样,你在工作上花时间与之相处的人可以直接影响你的精神面貌、精力,以及整体幸福程度。他们还会影响你领导和管理他人的方式。当你加入一家公司,你不仅仅是参与一个品牌的创建或一件产品的制造过程,而是融入公司的某个具体的团队或群体。即便只有一墙之隔,你的个人经历也会与这家公司的同事们有所不同。这就是为什么关注你所要加入的团队是至关重要的——尤其重要的是关注你的老板。

因此,如果有机会,就去明智地选择你的老板吧。对许多人来说,老板是没法选择的。在加入一家公司的时候,你就被分配了一个老板。你以为某个人会是你的老板,但正当你和他相处融洽时,他却突然被调到驻圣安东尼奥市的办事处去了。你可以以最高的薪酬和最好的津贴为某个最了不起的公司工作,去从事一项重要的任务,但假如你的老板让人无法忍受,那么这项工作对你来说还有什么意义可言?

你可能无法雇用你的老板,但可以解雇你的老板。一个冰冷而又残酷的现实是:你不必浪费时间去为一个糟糕的老板工作。解雇你的老板不会让你成为一个牢骚满腹、半途而废或爱找借口的人。区别在于:你渴望成功,愿意为此全力以赴和付出代价,而你的老板却无疑是个障碍。

你可以坚持下去,希望情况会有所好转,但希望并不是一种策略。你的生命如此宝贵,不要把时间浪费在一个会在工作中为你制造痛苦和障碍的人身上。这关系到你该如何掌控自己的职业生涯,并找到一种关键的解决方案去重塑自己的人生道路。要尽快在公司内找一个新老板、新部门、新团队和新角色——也就是想办法创造新的工作机会。如果你的回答是"我希望这样做,但没那么容易"或"公司内没有什么工作机会",那就要更加努力地去寻找,或者是时候该离开这个公司了。无论如何,继续待在一个消极的环境中并不是个好的选项,多待一天就会错失一天的机会。

未来的工作容不下采取铁腕统治和恐惧战术的无能老板。未来的工作会使得团队合作更加高效,同时通过减少等级结构来实施精英化管理。作为引领和创造未来企业的勇敢的颠覆者,你有责任制订一套新的领导方案。如果你已经是一位老板,就要确保自己不符合以下迹象。如果你还不是老板,总有一天也可能会成为老板。永远不要这样对待自己的员工。因为它会扼杀员工士气,影响生产效率,并最终让你走向失败。

以下是你应该炒你老板鱿鱼的5个迹象。

迹象一:你的老板认为大喊大叫是种交流方式

大喊大叫的老板缺乏控制能力。他们无法控制自己或他们管理的团队。大喊大叫是种恐吓策略,不能鼓舞员工的斗志。那些认为大喊大叫能"让员工做好工作"或"让员工规规矩矩"的老板是错误的。大喊大叫的老板永远得不到员工的信任，并且不能让员工树立信心，永远不会。这样做可能会在短期内吓到一些员工，但老板永远无法赢得员工的真心。没有哪个团队能在领导者的大喊大叫声中茁壮成长，只有当一个团队朝着一个共同的目标努力时，它才有可能发展壮大。假如领导者不能与团队心心相通，这个团队将必败无疑。

这并不是说领导者们不能对员工严格要求或让员工尽职尽责，领导者应该这样做，而员工们也应该对工作负责。然而，作为一个领导者，如何同员工沟通是衡量你的领导能力的重要标准。每个领导者都有责任找到自己的沟通方式。如果他们做不到，他们的团队就会遭遇失败，而他们的公司也必然会跟着遭殃。

迹象二：你的老板并不真正了解你的业务

无论你是经理助理、副总裁还是首席执行官，都应该对公司业务的方方面面了如指掌。不仅要了解你的专业或产品，还要了解整个业务流程。

你的老板了解你的业务吗？你的老板能做你所做的工作吗？领导者要有能力完成自己的团队能够完成的任务。领导者也许不是所有方面的专家，但应该能够解决问题、利用资源,完成公司使命。

许多领导者会不假思索地责备他们的团队,并紧盯错误问题不放。为什么?因为他们并不完全了解公司的业务。他们不会去关注这些重点,因为不懂这些业务是做什么用的,比如驱动程序或者杠杆。

迹象三:你的老板喜欢炫耀,不是一个吃苦耐劳的人

这个问题应该不难回答:你的老板是喜欢推销自己呢,还是喜欢促进公司业务的发展?他是个吃苦耐劳的人呢,还是个喜欢炫耀的人?

吃苦耐劳的人和喜欢炫耀的人之间有着明显的区别。吃苦耐劳的首席执行官是这样的:与企业同生死、共命运,以饱满的热情推动企业向前发展,除此之外,别无他求。喜欢炫耀的首席执行官只关注提升自我形象和驾驭个人利益平台。

喜欢炫耀的首席执行官总是把自己凌驾于公司之上,即使他们明知应该把公司业务、股东、员工和客户放在首位。喜欢炫耀的首席执行官和老板干不长久,因为他们的团队和客户早就看穿了他们的伪装。久而久之,这两个群体都会对这样的领导者失去信心,从而把公司的整个业务当成无足轻重的鸡肋。

迹象四：你的老板不了解公司的文化

一个对自己的公司文化缺乏了解的老板必败无疑。无论你处在公司等级结构的哪个层级，首席执行官和经理们都需要与同事进行沟通和交流。他们需要接受公司文化，为公司文化定下基调，并把促进公司成长当作自己的使命。这需要积极倾听和参与。仅仅阅读公司手册、参加市政厅会议或公司的野餐是远远不够的。

不了解公司文化的老板会渐渐疏远自己的公司。一旦如此，他们的团队也会效仿他的做法。这意味着公司内的每个人都会遭殃，因为弱化的文化会伤及公司业务的方方面面。

迹象五：你的老板只注重小节，不关心大事

你的老板会为鸡毛蒜皮的小事烦恼吗？如果是，他就可能贻误大事。我们都曾见识过对人对事特别挑剔、斤斤计较，或者鼓励事倍功半的低效的生产过程的管理者。

高效领导者专注于大局，知道什么是重要的。他们优化工作流程，珍惜和尊重人们的时间。

领导者不仅有责任了解大局，同时也要了解细节。了解大局的领导者能够协调各方。领导者的工作是掌握航向，确定行动路线。一旦做到这一点，他们就会发现自己的团队能

够很好地履行公司的使命。

在此种情况下，每个人都是赢家。

你的工作幸福感至关重要，它关系到你的个人福祉和事业成功。不要去做满足现状的人，满足于给糟糕的老板打工只是事情的开始。为了声望去从事一项工作或为了赚大钱加入一家公司，而不是遵从自己内心的召唤去做事，就不会有好的结局。你只是在自我满足而已。也许你不这么认为，但在声望和薪水的掩盖下，你的职业和你最好的自我已经失去了联系。当你调整思路、鼓足勇气，停止满足于当前工作的状态时，你将会迎来一个转变，向着自己生活的其他领域扩展。

● 提防披着勇敢的颠覆者外衣的爱找借口的人

有些人认为他们已经过上了柠檬水式生活，甚至会自我定义为勇敢的颠覆者。你可能认为你是在为某个勇敢的颠覆者（至少你的老板是这么告诉你的）打工，但他实际上却是个经过伪装的爱找借口的人。这些人是你进步的障碍：他们总是压制好的想法、扼杀创意和摧残创业精神，最重要的是，他们会令你灰心丧气。

如果这是你的公司文化，那么你将永远无法在这种环境下茁壮成长。在一个总是沿袭旧思路来搞经营的公司中，你怎么可能创造优胜业绩呢？在这种环境下，新思路总是会过早夭折，而旧思路却具有令人吃惊的生命力。经过伪装的爱找借口的人不希望你提出新思路，而只想你沿袭他们那套做法。

这类老板自以为经验老到，因为他们拥有某种学历背景，在自己的岗位上工作多年或之前曾经历过这一切。在他们看来，只有他们能把工作做好，而其他人都是没有资历的新兵蛋子。他们觉得自己在掌控一切，总是一意孤行，从不倾听他人的意见。他们认为自己是在带队前进，却缺乏相应的路线图。他们对着拥塞的交通一个劲儿地按喇叭，却不知道造成堵车的恰恰是他们自己。

如果人际交往变得更加透明和真实，你就会变得更加明智。一旦你掌握了更多的信息，就能够更好地决定你是否想同某个人一起共事。也许这种工作环境对你来说是理想的（祝你好运），也许你应该主动敬而远之。获取更多的信息是你更加准确地评估风险和回报的重要途径。

那么，你该如何识别那些披着勇敢的颠覆者外衣的爱找借口的人呢？识别他们有助于你为自己的职业生涯及未来做出更好的决策。如果之前你曾听到过以下话语，就应该警惕起来，因为你老板说的话未必总是发自内心的。

如何识别披着勇敢的颠覆者外衣的爱找借口的人

他们的说法	他们的真实意图
相信我没错	你怎么想的无关紧要，让内行来决定
这是唯一正确的方法	你的方法我甚至都不想听，因为只有我的方法才是可行的
这件事我已经做了30年了	我比你有经验，因此我懂得比你多
我已经考虑过这件事了	因为我懂得比你多，所以只要我已经考虑过了（即使你也考虑过）就意味着你的解决方案是无效的，而我的是有效的
这根本不可能	既然我都办不了，你怎么可能行
假如事情那么简单，我们早就去做了	谢谢你简单和幼稚的建议。让我来告诉你真相吧。如果你那简单的方案能解决问题的话，像我这么聪明和经验丰富的人早在几年前就把它搞定了
理论上是这样，只是……	现实世界太复杂，我所经历的你都没经历过，你显然缺乏实质性的认知

现在让我们从另一个角度来对这个问题做一番研究。你曾经说过类似的话吗？当有人挑战你的想法时，你感到沮丧吗？或者，对于可能找到新的解决方案这件事，你觉得兴奋吗？不妨这样来想：拒绝接受不同观点会让事情有所进展吗？不允许有任何发现，不接受任何挑战，不允许有任何颠覆行为，完全生活在一个由爱找借口的人支配的世界里，将勇敢的颠覆者们排斥在门外。这种思维方式便是中层管理人员综合征。主管和老板们不想受到质疑和挑战。他们将不同观点视为对他们的权威、资历和合法性的挑战，而不是找到更好的解决方案的途径。

要找到生活中能够让你变得更优秀和让你做出更好的业绩的公司和同事。你会发现，风险回报比率将对你更加有利。

● 你最糟糕的工作也可能是你最好的工作

我希望你能够找到工作的快乐。但在此之前，我希望你有一份糟糕的工作，甚至是非常糟糕的。

这对一个人来说不是件好事，它会影响你创造"α"的能力。但在这种情况下，你的生活反而会发生改变。

拥有糟糕的工作会使你丧失斗志，扼杀你的创造力并增加你的压力。糟糕的工作的迹象是很容易发现的，前面我们曾经制作过一个"工作成就感清单"，下面我们将创建一个"工作有害属性清单"。它们不仅仅是有害的工作属性，同时也是你的职业幸福感的无声杀手。这份清单同样只是一个例子，你的标准可能会有所不同：

工作有害属性清单

√ 糟糕的老板　　　　　　　√ 缺乏公司使命感

√ 消极的公司文化　　　　　√ 缺乏团队合作精神

√ 缺乏追求卓越的意识　　　√ 缺乏领导力

√ 高度官僚主义化　　　　　√ 缺乏进取精神

√ 缺乏职业发展空间　　　　√ 不鼓励创新

像"工作成就感清单"那样，"工作有害属性清单"对你来说也是个人的和独一无二的。在选择时，你可以为以上两个清单中的每一项打分，然后利用风险回报比率进行分析。

即使你的工作在"工作成就感清单"上"一无是处"，而在"工作有害属性清单"上"大放异彩"，这最糟糕的职业噩梦也可能是你的潜在祝福。

想想你曾经做过的最糟糕的工作吧！我敢打赌你能轻松地罗列出它存在的所有问题。我敢打赌你能发现你的老板应该做却没有做的五件事情。我敢打赌你能准确地说出它所有的收益、损失、低效的生产程序和落后观念。我敢打赌你对于该如何经营这个公司、如何对待员工，以及如何实施不同的激励措施来提高员工士气和生产效率有着一套自己的想法。不必担心——这样做并不说明你是个爱找借口的人。恰恰相反，最糟糕的工作恰好为你带来了职业生涯中最清醒的时刻。当你拥有一份糟糕工作的时候，你往往能够看清楚它错在哪里。

要利用自己糟糕的工作来了解你想从职业生涯中得到什么。也许大公司并不适合你，小团队更能让你成长壮大。也许你的公司缺乏灵活性，而你需要一个快节奏的工作环境。也许你的工作和生活不平衡，所以你需要找到一种正确的公司文化。也许你不想为任何人工作，而你糟糕的工作正好可以促使你辞职去做自己的老板。

无论过去或当前你的工作有多么糟糕，都要把这段经历当成学习手段，帮助你找到最适合自己的工作。要把它当成过滤器，让你知道自己想要和不想要的下一个角色是什么。首先你要了解促使你接受一份工作的动机是什么，以及你是否在面试过程中选择性"失明"。然后将这份工作当作跳板，进入下一个阶段。最后，要有信心摆脱困境，并比以前更加坚强地去面对它。

1974 年 8 月 9 日，理查德·尼克松在辞去总统职务的那一天，在白宫对其员工、前同事、家人和朋友发表了一场告别演说[9]。他谈到了失败和至暗时刻，以及你能从人生低谷中学到什么：

"有时，我们会觉得事情的发展不会那么顺利；我们会以为自己过不了第一次律师考试——事实的确如此。但我很幸运，我是说我的写作能力实在太差了，以至律师主考官说：'我们让这个家伙通过算了。'至亲至爱离我们而去时，我们会这么想；输掉选举时，我们还会这么想；遭遇失败时，我们会认为一切都结束了。正如泰迪·罗斯福曾经说过的那样，我们认为光明已经永远地离开了我们的生活。

"但事实并非如此，一切不过才刚刚开始，历来如此。年轻人要明白这一点，上了年纪的人也要明白这一点。我们一定要坚持这一点，因为荣耀时刻不一定在你事事顺心的时候降临，而往往在你经受了真正的考验，经历过一些打击、一些伤心和失落之后，它才会出现在你的面前。只有曾到过最深的谷底，你才会知道最高的山峰是多么雄伟壮观。"

正如尼克松所说,只有当你经受了真正的考验,经历过失望和遭受过一些打击后,荣耀时刻才会降临。当然,糟糕的工作会让你感觉不舒服。你会质疑你的自我价值、技能、判断和表现。但如果你懂得该如何应对这一局面,那么它最终会变成一桩好事。

当你把糟糕的经历当作自我反省和自我理解的途径时,最深的谷底离最近的山顶比你想象的更接近。

● 高层领导者起码应具备五种品质

仔细观察一下你公司的领导者。

如果你是公司高层,那么在工作中创造"α"的部分工作就是确保让积极的工作文化渗透到公司中去,而且要让向你汇报工作的人拥有成长的基础。这一责任首先在你。

你要成为一名优秀的管理者,要有清晰的愿景、明确的期望,要授权给员工,并建立诚实的反馈机制。

这个清单不一定权威或全面,但展现了每位领导者都应该具备的一些最基本的品质。

忠诚

忠诚于公司及其价值观和使命，忠诚于你的团队，保护你的员工，做员工的代言人和捍卫者。你雇用他们是有理由的。你要给予他们支持和资源，以便他们能够做好自己的工作，完成公司的使命。

职业道德

率先恪守良好的职业道德。每天勤奋工作并保持自律，要亲自走上"竞技场"。你的办公室风景可能不错，但是"竞技场"才是你采取行动的地方。你必须既掌控大局，又了解细节。要促进和落实卓越意识，要推动变革并提高标准。记住：你是领导者。要以身作则，带领团队朝公司的目标勇往直前。

尊重

保持尊重是人性化要求，而不是工作要求。要公平和公正地对待公司里的每位员工，无论职位或职称如何，都要尊重他们，做到彬彬有礼。

诚信

要保持最高的道德标准,要鼓励开诚布公地对话,要对挑战充满期待。这会让你变得更优秀,防止你骄傲自满,并提升整个团队的素质。你可能是决策者,但要重视每个员工的意见。

情商

要善解人意。要与你的团队做好沟通,不要切断和他们的联系。要有开放透明的政策,要平易近人、通情达理,要做一个实实在在的人。如果你拒人千里,那就会错过很多东西。你的团队会对你有所隐瞒,当你需要他们站在台前发表意见的时候,他们就会躲在你的身后。

将这些特质与你所认识的领导、共事过的老板及观察过的同事进行比较,看看他们的品质是怎样的。

记住: 没有安全感的领导者会固守蠢人金字塔。他们凭借自己的头衔实行恐怖统治。他们只懂得期待,不舍得付出。他们需求不少,但贡献不多。他们想要的很多,但赞赏得很少。

更好的方法是实行互惠式领导：

正确处理给予和获得的关系。

不要要求他人尊重自己，而要去赢得尊重。

不要期望他人对自己忠诚，而要去建立忠诚度。

通过展示可能性来激励员工采取行动。

通过表现出同情心来显示你的灵活性。

通过鼓励提问来激发员工的好奇心。

通过培训领导者来发展公司的事业。

在工作中建立共生关系会为你带来更好的结果、更多的尊重和更高的忠诚度。

在工作中找到快乐的秘诀

假如能在工作中找到平静和快乐，你的生活将会发生巨大变化。在一周内，很多人花在工作上的时间要比他们陪伴家人的时间多。想想吧，他们花在工作上的时间竟然超过了陪伴家人的。尽管如此，有些人仍要在这种有害的、苛刻的或毫无满足感的环境中工作。他们鄙视自己的老板，受不了自己的同事。但有些人仍会一年到头地从事着同一份工作。为什么？因为他们喜欢这份工作给予他们的报酬、名望，以及提供给他们的便利的交通条件。他们不知道该如何改变现状。

他们宁愿用内心的平静和幸福来换取报酬和工作职称。即便回家之后，又有几个人能够真正摆脱他们办公室那种有害的工作氛围呢？有几个人能让自己彻底地"关机"？这是件不容易做到的事情。

如果在有害的环境中工作，你可能不得不把你的工作带回自己家中。晚上或周末，你可能需要回复电子邮件或参加电话会议。即便你的工作不需要你这么做，你仍可能会把工作中的消极情绪带回家，从而不知不觉地让它渗透进你的家庭生活中去。所以，你其实是无时无刻不在工作，即使当你回到家中，回到你爱的人身边时，在极其有限的相处时间里，你也会发现自己已经把工作带回家了。你会抱怨自己的老板，或者为自己的同事而烦恼，会担心自己能否获得晋升。

如果你想让生活发生真正的改变，那就把自己的幸福放在首位，而不要把报酬、工作职位和便利的交通条件放在首位。你要把自己放在首位。

既然已经有了"理想工作公式""工作成就感清单""工作有害属性清单"，你就能够利用这些来做出最优决策，并在工作中创造"α"。以下例子是当你在合适的公司和合适的工作之间做选择时会遇到的五种常见情形，以及你可能采取的潜在行动：

工作综合评估

选项	合适的公司？	合适的工作？	潜在行动
1	是	是	接受这份工作
2	是	是，但需观察	确定能否通过调整使之成为一份合适的工作
3	是	不	假如老板不好，就先在这家公司物色个新角色。如还不行，就到另一家公司物色相同或相似的工作
4	不	是	
5	不	不	确定你是否应该换一种新的工作类型或去创业

当然，你还可以根据自己的具体情况对其他值得思考和甄别的选项做进一步探查。上文表格只是一个起点，让你系统地思考自己的职业生涯和专业轨迹。你可以在表格中添加更多的内容。这个练习是主观性的，因此只有你能确定哪些

属性对自己来说更重要（想想：成就感和有害属性），以及你赋予每个选项的权重是多少。

无论是继续从事现有的工作、物色新工作，还是创建属于自己的公司，你都可以通过问以下3个问题来优化你的决定：

· 我能够在工作中创造"α"吗?

· 我有潜力在这里成功并茁壮成长吗?

· 这是适合我的公司和职位吗?

如你能回答以上3个问题，就说明你拥有足够清晰的思路以做出更好的决定去开创自己的职业生涯。你有权享受工作带来的乐趣。这并非让你必须去享受家庭生活而讨厌工作，不必把两者对立起来。当你找到能让你快乐的工作时，你也就走上了通向美好生活的康庄大道。你必须喜欢自己所从事的工作，应该每天早上醒来就兴致勃勃地去上班，如果不是这样，那就需要重新规划和安排你的生活，去找一份能让你一觉醒来就迫不及待、欢欣鼓舞地想要去从事的工作。否则，你将陷入挫折、怨恨和痛苦的永无休止的恶性循环中。

你不能用金钱来衡量痛苦。有害的工作环境是不值得称道的，同样不值得你向朋友们炫耀。专横傲慢的老板不值得你去浪费自己的正能量。当你找到能给你带来快乐的工作时，你冷静思考的能力将大大增强。如果你在工作中总是觉得压力重重并停滞不前,你的创造性思维能力就会大打折扣。你将发现快乐的工作会让你建立自信并获得个人满足感,会给你带来多重收益。

爱找借口的人会说,辞职去找一份新工作并不是件轻而易举的事情;本来就没什么好工作可做;求职会浪费很多时间;我年龄太大了,或太缺乏经验,根本不会有其他地方会雇用我。

辞职去找一份新工作也许真的不容易,毕竟你需要养家糊口。那你该怎么办呢?

勇敢的颠覆者们会去改变他们的处境。你可能不是老板,不是首席执行官,甚至连主管都不是,但你仍可以去创造属于自己的影响,无论在公司中的职位如何低下。你可以激励他人,创造自己想要的工作文化,即使你的老板、首席执行官或经理不会去做。

你需要问自己另一个问题:我所从事的工作有意义吗?

晚上回家后,你会为自己所从事的工作感到自豪吗?

有意义的生活是不可或缺的,它是人类体验的重要组成部分。有意义的工作会为你创造优胜业绩提供积极的平台。重要的是,光有意义还远远不够,你还必须采取行动来培养这种意义。莫妮克·瓦尔库尔在《哈佛商业评论》上写道,通过将"个人价值观和动机与你的工作表现"联系起来,你能够在工作中创造意义[10]。

在工作中,创造意义的另一种策略是问自己:今天我该做哪些事情来创造自己的影响力,并让别人的生活变得更美好?你想要工作有意义,并不需要你成为一名警官、消防员、急救员、士兵、教师、非营利组织领导者、医生、护士、公务员或许多其他每天在做有意义的、无私的工作的那种"英雄"。你要做的是挑战自己、审视自己。审视自己能否找一份让自己产生影响力的工作。要去找一份能够在某种程度上改变他人生活的工作。这正是勇敢的颠覆者们所从事的职业类型,同时也是他们想要创建的公司和业务类型。勇敢的颠覆者们都是变革型的,无论做什么,他们总是寻求做出正向的改变。

你可以在任何工作中创造影响力。如果你从事客户服务工作,那就和客户建立真诚的联系,去触动他们的心灵。如果你从事金融服务工作,那就利用自己的技术去让交易过程更加快捷,为客户节省时间、减少麻烦。如果你从事医疗卫生工作,就去开发新的治疗方法,改善患者的生活质量。如果你在餐馆或百货商店工作,那就面带微笑地去为顾客提供服务。

也许你不是在一家以改变世界为使命的炙手可热的科技创业公司工作,大多数公司都不属于这种类型。许多公司都不是技术导向型的，它们没有改变世界的使命。它们可能不是颠覆性或服务型的，即使它们的员工自认为是。有些公司根本没什么使命。如果是在这样一家公司工作，你会怎样？

你仍有责任在公司中创造自己的影响力——不管你处于公司架构等级的哪个位置，也不论你在哪个分公司、生产部门或区域办公室工作。你会做哪些他人没有想到的与众不同的事情来改善客户的生活品质？你打算如何触动他们的心灵？你打算采取哪些措施来确保公司的客户服务无缝连接，使其更加方便、快捷和简单？这需要你发挥创造力、颠覆力、革新力和独立性。以上使命都需要你去完成，即使你的公司没有什么使命。

当你变得更加独立并且更有意识地控制自己的职业生涯时，你会发现自己正站在两条道路的起点上。

第一条道路通向一份理想的工作，但你仍在为别人打工。

第二条道路通向一个很多人想要，但很少人能够掌控的职业：企业家。

成为一名企业家是通往自由和可能性的终极状态。然而，尽管新闻中充斥着成功创业的故事，但并非所有的故事都是拥有好的一面和充满荣耀的。我还想让你了解一下故事的另一面。

人人都想要的工作（事实并非如此）

从某种程度上说，几乎人人都想成为一名企业家。他们觉得经营一家属于自己的公司是种荣耀。在那里，没有老板，能够独立自主，可以制定自己的作息时间表，并免去朝九晚五的辛勤劳作。

你真的想成为一名企业家吗？

你曾因一件事被他人反复拒绝过无数次吗？

我们不是在谈论哈密尔顿彩票[11]。

我们在谈论你为之殚精竭虑也想要得到的一样东西，一样让你充满渴望，无论需要付出多少努力和汗水，也无论遭到多少次拒绝，你都会矢志不渝地想要去追求的东西。成为一名企业家的感觉正是如此。

做企业家这件事不像剧本写的那样，它不是一部可以在两小时内看完的所有情节像拼图一样被拼接得天衣无缝的电影，一夜暴富的剧情是不存在的。真相是，想要创业成功，你必须付出大量不为人知的心血、汗水，并擦去辛酸的泪水，只是人们不愿去谈论罢了。你看到的只是结果——拥有私人飞机的亿万富翁频频亮相于杂志封面，却没有看到他们在创业之初时的含辛茹苦和辛勤劳作，你没有看到他们的艰辛旅程。也许在互联网的某个地方偶尔会出现一张他们"草创时期"的照片，但你无法真正体会杰夫·贝索斯当初坐在他第一张办公桌前的那种感受，那张办公桌实际上是一块门板[12]。他在西雅图的一间车库里工作，这里面放着个大锅炉。但正是在这里，他尝试创立了下一个颠覆电子商务世界的伟大公司。

创业是一条通往非凡的孤绝之路。

人们都认为自己能够很好地应对拒绝。他们认为如果当初自己选择不去上大学，或者花了6个月才找到一份工作，就有毅力成为一名企业家。

创业意味着会不断地遭到拒绝。它正是你的激情所在和你终始如一的工作，正是你的骄傲所在和你的心肝宝贝。人们会一遍又一遍地告诉你，你还不够完美。这不是他们想要的，也不是他们要找的。

我想让你见见布莱恩·切斯基[13]。他是个年轻的企业家，曾尝试为自己的新公司筹集资金。他和他的合伙人被推荐给了7位硅谷投资人，希望这些投资人能够以150万美元的估值或公司10%的股份为他们提供15万美元的投资机会。其中2名投资者没有回复他们的电子邮件，而其他5个人也都放弃了这个投资机会, 理由诸如"它不在我们的关注范围""潜在市场机会似乎不够大", 以及"正考虑投资其他项目"等。尽管刚开始就遭到了拒绝(还有很多), 但这些创业者还是筹集到了资金, 创立了一个伟大的公司。如今, 布莱恩·切斯基及其联合创始人乔·杰比亚和内森·布莱查奇克都成了亿万富翁, 他们的公司名为"爱彼迎"(Airbnb)。

这有一个很好的小提示:房间里最聪明的人并不一定总是最聪明的——对于每个人的生活将会变成什么样子来说, 这是个不错的提示。

对一名企业家来说, 7次拒绝不过是冰山一角而已。与任何一位筹集了资金并扩大了业务规模的企业家交谈, 你都会听到数百次被拒的故事。即使是最好的企业家也曾遭到过拒绝;即使是最伟大的公司开始时也举步维艰;即使是最了不起的创意, 也曾被人不屑一顾。

你知道遭到拒绝的真实滋味吗? 你愿意一次次遭受打击, 却仍要继续前行, 甚至当人们让你放弃时仍义无反顾吗? 这就是成为一名企业家的感受。你要拥有别人所没有的眼界, 要有与众不同之处。要知道你自己是对的, 而他们是错的, 他们看得不如你清楚。

你有权利选择你的谋生之道。

开关 3 ｜代表独立 ｜

　　它可能不是你梦想的工作，不是你目前想要的工作，也不是你认为的为自己提供应得的报酬的工作。但你有权选择为别人工作，还是为自己工作。

　　创业之路并不适合所有人，原因是多方面的。也许是经济能力不允许，也许是你还没有那种绝佳的想法，也许是你不想为此付出时间，但无论如何选择，你都要拥有自己的事业。你要对自己的行动负责，并知晓你的确有选择的权利。

　　所有企业家在生活中都会面临一个决定性时刻，那就是意识到自己不能再为其他任何人打工。《创智赢家》节目中的"奇妙先生"凯文·奥利里确切地知道自己什么时候想要成为一名企业家[14]。青少年时代，他的第一份工作是在加拿大渥太华玛古冰激凌店为客人挖冰激凌。正是在那里，他有生以来第一次学到了该如何定义自己的人生。第二天工作结束时，老板让奥利里跪下，把地板上的一块口香糖刮掉，遭到拒绝后，老板告诉奥利里他被解雇了。

　　"几分钟后，我就骑着自行车回家了。我感到极大的耻辱和震惊，因为她竟敢如此来控制我的生活。"奥利里在接受加拿大电视节目《龙穴》的采访时说，"从那以后，我这一生再也没为其他人工作过。再也没有。也没人再来控制过我的生活——将来也别想再有。"[15]

几年后，奥利里与他的联合创始人迈克尔·佩里克一起用从他母亲那里借来的1万美元在他家的地下室里成立了一家国际软件公司：软键国际[16]。后来，奥利里领导了一场收购狂欢运动，使得软键国际成为一家学习公司、教育软件集运商。1999年，美泰公司（Mattel）以大约36亿美元的价格收购了这家学习公司[17]。

想要成为一名企业家并不难。但成为一名企业家到底意味着什么呢？

你的自我定位是什么？你跟别人有什么区别？你的竞争优势是什么？

成为企业家后，你的工作日程安排肯定不会比你当前的更轻松。作为一名企业家，你肯定要付出比当前更多的努力和更长的工作时间。我敢向你保证，你肯定会比当前多付出5倍的努力。成为一名企业家后，你就是公司的老板、雇员、主管、董事会成员、秘书和看门人。你必须什么都做，因为一切都有赖于你。要想成为一名成功的企业家，你必须具备这样的基本条件。

几乎每个人都说自己想要成为一名企业家，但原因不是你想的那样。

太多人认为，创业主要是为了获得财富。创业可能是一条通往巨额财富的道路,但这不应成为你去创业的驱动性因素。企业家精神的精华部分并非经济因素。企业家精神是一种英才教育理念,拥有最好的可执行理念的人会赢。你可以打败比你强大、比你聪明、比你年长,以及比你更富有的人。唯一重要的是你要让自己的想法和行动协调一致。

如果你将成为一名企业家,你认为别人会关心你的出身吗？你认为仅凭你曾经上过某个特定的学校就能卖出更多产品吗？你认为仅凭自己在华尔街有人脉就能使你的公司获得更高的估值吗？没有人会在乎这些东西,它们都是无关紧要的。

企业家精神是最终的竞技场校平器。它通过转变思路来减少层级结构、论资排辈和官僚主义作风,从而使得每个人都能灵活规划自己的人生道路。企业家精神就是白手起家,就是赤手空拳地去建设和创造,就是离开羊群,独自冒险,不受约束地按照自己的意愿去发展和壮大一家企业。

不过,要注意企业家和善变的人之间的区别。你很容易会称自己为企业家,甚至是连续创业者。这个头衔听起来令人印象深刻:"连续"意味着这不是你的第一次"上场竞技"。你已经很有经验、很成功了,已经是一位资深企业家了。在领英个人资料上有很多人都自豪地把自己标榜为连续创业者。

因为这更好听、更好看，也更能引起共鸣。

问题是，太多的连续创业者都不是货真价实的——他们其实都是善变的人。那么，你是一名企业家，还是一个善变的人呢？连续创业者确实存在。他们中的许多人都是不断挑战极限的勇敢的颠覆者。然而，真正的连续创业者的数量要比领英上出现的少之又少。真正的连续创业者不只是创办多家公司，同时还会在合适的时机从某些公司中退出。连续创业者既是创造者，又是执行者。

先去创办几家公司，然后再去创办更多公司，并不足以让你成为一名企业家。这可能会激发你的创造力，让你成为一个高效的点子大王，让你成为一个潮流追逐者，但不会因为你是创始人就为你赢得连续创业者的徽章。想要赢得这个头衔，你还有更多事情要做。

善变的人在岗位与岗位、公司与公司之间跳来跳去。发现机会来了，他们就去追逐，不像真正的连续创业者那样，他们只追求抓住表面的东西。当事情发展不顺时，他们就会消失得无踪无影，因为又去筹划下一次冒险了。然而，这正是真正的连续创业者们与他们不同的地方，暴风骤雨过后才是连续创业者们大显身手的时候。他们善于处理冲突，善于转圜和重建。他们调整业务模式，帮助公司渡过难关，为公司的业务增长和成功提供保障。

我们很容易会把这两者混为一谈。但他们当中只有一类人是真正的创业者，一定要弄清他们之间的区别。只有这样，你才不会被别人贴上错误的标签。

无论是一名企业家，还是一个雇员，只要过上目标明确的生活，并找到有一份有意义的工作，你就能在工作中创造"α"，并获得过上柠檬水式生活的力量。

Chapter 7

如何在1小时内赚110 237美元

模式是无处不在的。

正是识别模式的能力帮助我们阅读[1]、理解语言[2]和学习音乐[3]，甚至识别熟悉的面孔[4]。通过识别模式，我们可以完成一个像字母表一样的序列，因为我们知道每个字母后面是什么[5]。

让我们来思考一个名叫迈克尔·拉森的冰激凌卡车司机的故事吧。他来自俄亥俄州，曾利用所掌握的模式知识在1小时内赚了110 237美元[6]。

还记得竞赛节目《幸运出击》吗?

"赢大钱,赢大钱。不要晦气,不要晦气。停!"

如果你不记得,那我要告诉你,《幸运出击》是哥伦比亚广播公司1983~1986年播出的一档日间游戏竞赛节目,由彼得·托马肯担任主持人[7]。

游戏的玩法很简单:

· 回答一些琐碎的问题,每答对一个问题获得一次旋转机会。

· 利用旋转机会在大游戏板上赢取奖金和奖品。

· 不要停在可怕的"晦气"字样上,否则所有的奖金和奖品会全部消失。

在一张正方形的游戏板上有18个屏幕,每一个屏幕上都快速闪烁着不同的奖金数目和奖品名称,或者会出现"晦气"字样。当参赛者拍击一个硕大的红色按钮时,游戏板就会停止闪烁。接着,选择器屏幕的灯光就会亮起来。如果屏幕上显示有某种奖品,则该奖品为参赛者保留。但一旦你拍中"晦气"字样,哪怕只拍中一次,你所有的奖金、奖品都将荡然无存。

这的确会令人感到刺激、兴奋,同时让人感到危机重重。

在该节目播出过的700多集中[8],最令人难忘的是1984年

6月8日和11日分两部分播出的有关拉森的那一集。

尽管拉森在第一次旋转时就拍中了"晦气"字样,但接下来却享受了一次创纪录的获胜狂欢。在连续46次旋转和拍击中,他一次也没有拍中"晦气"字样。拉森为自己赢得了110 237美元的奖金和奖品,成为有史以来在这一日间游戏节目中一次性赢得奖金数额最高的一位参赛者。

那么,他是怎么做到的呢[9]?

在参加《幸运出击》之前,拉森经常在电视上观看这档游戏竞赛节目。他想知道"晦气"字样是会出现在所有18个屏幕上呢,还是只会出现在某些屏幕上。为了验证自己的假设,他用录像机把这些节目录了下来。当拉森观看这些录下来的剧集,更加仔细地研究这个游戏时,他有了一个惊人的发现。拉森非常聪明地发现,"晦气"字样并不是随机出现在旋转的游戏板上,而是只重复出现在其中一个三格序列上。又经过6周多的进一步研究后,他发现这个所谓的随机游戏只包含5种重复模式。在看录像带时通过按下录像机暂停键,他记住了这些模式,并把它们练习得滚瓜烂熟。

例如,拉森发现第4个屏幕和第8个屏幕从来不会出现"晦气"字样,不仅如此,这两个屏幕还经常出现现金奖励。拉尔森发现第4个屏幕出现的奖金数额总是最高,另外还会获赠一次旋转机会。第4个屏幕曾分别出现过3 000美元、4 000美元或5 000美元奖金，外加一次旋转机会，而第8个屏幕曾出现过的奖金数额则分别为500美元、750美元或1 000美元，外加一次旋转机会。因此只要能连续不断地拍击在第4个屏幕或第8个屏幕上，他就能长时间地留在比赛中，通过积累额外的免费旋转次数去赚更多的钱。

可见，游戏并不是完全随机的，而拉森已经破译了它的运行代码。

拉森参加了这个节目的试镜并被录取了。轮到他出场时，拉森令人难以置信地连续31次拍击在第4个屏幕或第8个屏幕上。尽管节目制作人和哥伦比亚广播公司怀疑拉森作弊，却找不到一项具体规则可以取消他所获得的奖励。

除了在游戏节目播出史上占据一席之地外，拉森还通过模式识别破译了游戏代码。无论是好是坏，拉森利用模式的优势都为自己赢得了经济利益。通过模式识别和重复，拉森让自己训练出了自动执行某种行为的能力。

其内在的科学原理如下：在人脑中，神经通路是以你的习惯和行为为基础发育的[10]。一项活动你做得越多，这些神经通路就会变得越发达。经过重复和练习，这些行为就会变得根深蒂固和自然而然起来。就像我们开车、刷牙，甚至拍击游戏节目中的蜂鸣器等行为那样。

这种现象既适用于好习惯，也适用于坏习惯。好处是新的神经通路可以建立起来，并会导致新的行为习惯的形成。这就意味着你不会一成不变延续同样的行为习惯，你完全有能力打破旧惯例，包括改掉坏习惯。那么，改掉坏习惯的秘诀是什么呢？假如你和其他人没什么不同，那么单凭意志力是难以做到的。在生活中识别模式的能力可以帮助你改掉坏习惯。模式识别是指你识别序列和系列的能力。改掉坏习惯的秘诀在于识别和孤立它，然后去打破这一模式[11]。我们可以通过识别个别的行为及其背后的原因来改掉坏习惯。以下是改掉坏习惯的一些简单的行动步骤：

识别你的行为。第一步是你必须承认你有某个坏习惯，而且你想要改掉它。忽视了这一步，你将永远不会彻底地承诺去做出改变。

了解坏习惯的组成部分。仅仅认识到你有某个坏习惯还远远不够，你还必须了解它有哪些基本的组成部分。

查尔斯·杜希格在《习惯的力量》一书中写道，习惯由三部分组成：暗示、反应和奖励[12]。

暗示是导致你产生不良行为的触发器。

反应可以是身体上的、精神上的或情绪上的，而且就是你根据暗示做出的不良行为。

奖励是指你从该行为中获得的积极的冲动。

当你完全理解了你的坏习惯的每一个组成部分及其相互关系后，你就可以学习如何改变它们，以及用好的习惯来代替它们了[13]。

识别潜在的问题。潜在的问题或称触发器，是行为背后的原因[14]。回想一下你上次出现这种坏习惯是什么时候。试着分离触发坏习惯的那一时刻，并了解它的根本原因。这不是一个简单的练习，所以要慢慢评估是什么在其中起作用。例如，是不是某种潜在的情绪或某个人导致你产生了这种习惯。

替换不良行为。除了尝试改掉坏习惯外，你还可以训练自己的大脑，用某种替代行为去替换你的不良行为。这种行动意味着你要在触发器可能发动进攻之前就制订出行动方案。替代法做起来会容易一些，因为它是用一种更温和的方式来转变你的行为。正如杜希格所指出的那样，你可以通过改变奖励方式来改变自己的行为。你能为你的行为找到一种能给自己带来同样满足感的新的奖励方式吗？

奖励你的新行为。记住要对自己的新行为进行奖励。你不必试图一下子去戒掉坏习惯，或者做出剧烈的人生转变去惩罚自己。要庆贺自己选择了新的生活道路,并花些时间去珍惜自己所取得的成就。

既然你对如何改变自己的行为习惯有了更加深刻的认识,就让我们来审视一下下面这个普遍不利于你的福祉的行为吧。

生活中,有种行为已经得到许多人的认可——依赖他人。这种行为并不是指依赖家人、朋友或支持系统。相反,它是指在思想、行动及确认方面依赖他人。我们越依赖他人,就越少依靠自己来做出判断。其结果是我们在观点、确认,甚至在自我价值方面陷入了不断依赖他人的恶性循环。另外,它还代表一种惰性状态。在这种状态下,我们会为了迎合他人的想法而放弃独立思考的能力。从根本上说,依赖是让自己处于一种被动地位。我们让自己变成了回应者,而不是潮流的引领者。我们不是在制订行动方案,而是在随波逐流。我们没有自己的主见,总是赞成他人的观点。

如果你想改变生活中的某件事情,理想的起点是摆脱依赖,获得行动的自由。

在生活中变得更加独立的秘诀可归结为两个简单的动作:(1)举起手;(2)放下脚。

举起手：朱迪法官能教给你的最重要的经验

全体起立。法庭现在开庭。

当你走进朱迪·沙因德林法官的法庭时，有一件事是肯定的，那就是，事实胜过一切。

朱迪法官把事实放在第一位[15]。她不想听别人的感受。她只想知道事实是什么，她只想要你用证据来证实你的说法。

当然，生活并不是法庭。尽管现实世界不像电视法庭那么严谨，但你可以利用朱迪法官的方法来处理生活中的问题。

以下是你可以从朱迪法官那里学到的最重要的经验，以及你该如何让自己变得更加独立：

· 事实胜过一切。

· 要用事实来证明你的观点。

· 出示证据。

· 叙述要客观。

· 不要夸大其词。

· 要直截了当。

· 要有责任感。

· 没有时间找借口。

·没有夸张的余地。

·你的可信度很重要。

忠诚于事实还直接关系到你的独立思考和行动能力。例如,下次开会时你想起了朱迪法官说过的话,之前你曾参加过那样的会议,你知道大家都认为某个方案是个好主意,而你却对此不太肯定,你会把你的看法讲出来吗?你会举手吗?当然可以,但这样做并不容易。你愿意成为唯一唱反调的人吗?你愿意反对那么多聪明人已经表决同意的计划吗?你愿意离开满足现状的座位,走出自己的安全区吗?

紧要关头,愿意举手的人实在太少了。这是为什么?

因为他们很快得出结论,举手的风险要大于改变他人的想法所带来的益处。于是,他们把事实和逻辑置于一旁,很快接受了别人的观点。也许事后他们会自我检讨:尽管大家的结论相同,但也许他们会错过什么。他们的假设是,多数人的想法一定是正确的,而少数人的想法一定是错误的。

在这里,暗示是在你办公室举行的小组会议上,其他所有人都持同样的观点。反应是保持沉默。奖励是你显得和蔼可亲,没在同事和上司面前出丑。

20世纪50年代,心理学家所罗门·阿施曾做过的一系列经典研究显示,来自多数人的社会压力如何使个体屈服[16]。在其中一项实验中，有人向8名大学生展示了一条线，然后要求他们必须大声说出另外3条线中哪一条线与他们看到的那条长度相同。答案很明显：一条太长，一条太短，而剩下的那条正好与他们看到的那条长度相同。问题是其中有7名同学事先已经达成一致意见要扮演多数派角色，并在不让第8名同学知情的情况下做出错误的回答。实验目的是确定第8名同学是否会屈从于多数人的意见，做出错误的选择。

阿施发现，在多个临床试验中，约75%的参与者至少曾有一次赞同多数人的错误意见。与此相比较，在没有社会压力的对照组中，只有不到1%的人曾这样做过[17]。阿施的结论是，人们屈从于社会压力的主要原因有两个：一个是规范性影响[18]（害怕小组人员的嘲笑或反对），另一个是信息性影响[19]（他们认为小组成员比自己更有见识或更聪明）。

人们很容易成为从众心理的受害者。原因是同辈压力，你会担心自己的声誉受到威胁，你不想让大家觉得你令人讨厌或没有礼貌。但要记住，羊群也有被宰杀的时候。当你掌握了事实和证据，你就有义务把它讲出来，不要因为某个位高权重或资历高的人说你是错的，你就想当然地认为自己是错的。没人愿意坚持自己的主张，因为这总会让人感觉不舒服，但在对支持你的观点的事实进行分析后，你应该利用你所掌握的第一手资料来表明你的立场。

别人的意见永远不能代替你自己的意见,因为那都是间接路径。你要直指要害:事实。你要根据自己对事实的了解形成观点并做出决定。事实不仅会使你更加理智和强大,而且会打破你的依赖枷锁,因为你不必再依赖他人来获取信息。

挑战多数人的意见需要勇气,但发出自己的声音很重要。还记得那部经典电影《十二怒汉》[20]吗?故事发生在一个陪审团休息室里,当时12名陪审员正在对被告的命运展开辩论。陪审团准备对嫌疑人提出有罪指控,但其中有一个人坚持不同的意见。在剧情中,持不同意见者(由亨利·方达饰演)最终用事实和证据来说服其他陪审员改变了他们的观点。最后,就连认为被告有罪是铁的事实的那些人也在事实和证据面前认识到,嫌疑人是清白的。有时一个人的力量比一支人数众多的军队还要强大。不要害羞或过于胆小,要敢于举手。在真理面前,有你的一席之地。

讲出自己的故事、举手及表达自己的想法都需要勇气。下次参加会议时,一定要举手,并把你的观点讲出来[21]。要从事实出发,用数据说话,这意味着你可能会与大多数人意见相左。这可能不太容易,而且永远不会容易,你可能会受到漠视或遭遇失败。但最终,如果你的论点具有说服力,而且你了解自己的听众,你会逐渐树立起信心,并引起其他人的注意。

不要在每次有建议时都举手,举手发言的关键在于必须头脑清醒。根据《哈佛商业评论》中的说法,当你与同事建立起善意和信用的时候,你的观点才更有可能会被他们接纳[22]。比如,你是个强有力的执行者和大公无私的团队成员,而且你的行为符合组织的最大利益和价值观。当你开始独立思考,意识到你的声音很重要,并善于利用基于事实的逻辑和推理的时候,你就是在运用朱迪法官教给你的最重要的经验了。

放下脚:如何停止同辈攀比

太多人选择依赖而不是独立的第二种情况可谓无穷无尽的痛苦迷宫,被称为"同辈攀比"。

如果你想在生活中找一件最耗费气力的事情来做的话,那么恭喜你,你找到了。

但现在你必须停下来。是时候该放下脚,过脚踏实地的生活了。不要再进行社会攀比和活在他人的生活模式中了。

同辈攀比是一项永无出头之日、毫无回报的"全职工作"。

这是一种可怕的生活方式,是一种毫无用处的情感"云霄车"。这说明你是个盲目的追随者,失去了自我控制能力,成了人生游戏的旁观者。

利用习惯的3个组成部分来做分析,我们会看到,发生同辈攀比的信号是那种你的同辈炫耀的社会地位或财富,而令你对自己的社会和经济地位感到不安的社交情景,反应是你所采取的——经济的、社会的或其他方面的行动——借以创设一种可以与你同辈的财富或社会地位相比较的情形。回报是你觉得自己拥有与同辈相似的地位,从而获得了他们的认同、接纳、尊重和宽慰。

满足现状的人基本上都是盲目的追随者。像善变的人追逐潮流那样,满足现状的人总是去追逐他们认为能够代表成功的其他人。在这个永无休止的游戏中,他们的个性和独立思考能力消失殆尽,代之以趋炎附势的心理。模仿某个强大的榜样或从他人那里获取灵感并没什么错,但你需要把得来的灵感融入自己的生活,并将它作为一种积极的力量来提高自己。

满足现状的人将太多时间和精力用在了"攀比"上,以至于他们难以做出具体的改变,去为他们的生活带来可持续的成功。他们从来没听过以下谚语:"无论小狗怎样叫唤,狮子是不会回头看它一眼的。"在与满足现状的人交谈时,你会发现他们时常紧缩脖子,不断地环顾四周,以便看看是否有人在背后议论他们。

同辈攀比并不是一种新现象。至少从1899年开始,秉持柠檬式生活态度的人们就已经开始尝试这种生活方式了。挪威裔美国社会学家和经济学家索尔斯坦·凡勃伦发明了"炫耀性消费"一词,用来形容19世纪通过获得物质财富来提高自己的声誉和社会影响的暴发户们[23]。

在《有闲阶级论》一书中,凡勃伦指出,当消费者通过购买更多的商品和服务来维持或获取更高的社会地位时,社会便会出现更多的时间和金钱浪费。阿瑟·R.(波普)莫曼德[24]在他的同名连环画中发明了"同辈攀比"[25]一词,用来刻画麦金尼斯一家人的性格特征,称他们是终极的攀高附贵者——总是千方百计地想和他们的左邻右舍进行攀比。

从今天开始,就不要再去做同辈攀比了,做好你自己的事情就行了。

● 你的同辈不会在意你

其他人并不像你想象的那样在意你。

他们和你有一样多的时间,但他们不会花时间去关注你。他们拥有他们自己的生活。他们不像你那样在走钢丝,所有观众都在注视你的一举一动。你与之相攀比的同辈也可能在与其他同辈做攀比,那些同辈还可能去和别的同辈攀比。因此,同辈攀比不过是个巨大的庞氏骗局而已。

● 你的同辈拥有更好的玩具

了解以下事实,可以让你省去许多年的烦恼:他人拥有的东西比你更多。人家拥有更宽敞的房子、更好的汽车和更多的钱。那又怎样? 同另外一些人相比,你也拥有更宽敞的房子、更好的汽车和更多的钱。你不认识这些人,但他们的确存在。我要再说一遍,那又如何? 你把事情弄错了。当你跟别人攀比时,你就会变成一个满足现状的人。记住,满足现状的人们常常认为他们是在与勇敢的颠覆者们竞争,但他们其实不过是在与其他满足现状的人作战而已。

别再纠缠在这个愚蠢的游戏中了。勇敢的颠覆者们也喜欢竞争,但他们只与一群人作战:他们自己。要将你的视野扩展到你当前的微观世界和社交圈子之外,这样一来,同辈的范围将会变得越来越小。

● 你的同辈不会和你竞争

要确保你是在做正确的事情,那就是感恩。

要关注你自己拥有什么,而不是他人在炫耀什么。要庆贺对你来说真正重要的东西:最重要的人,你独一无二的聪明才智,以及你独特的生命历险和体验。当你把这些当作你生活的重心时,你与他人竞争的欲望就不再那么强烈。不要活在别人的梦想和别人对成功的定义中。要按照自己的意愿去获取属于自己的成功。

● 你也能过上与同辈一样的生活

像你的同辈那样生活并不难。如果你想背负巨额债务,每天向信用卡公司和银行感恩戴德的话,那么很多贷款机构愿意为你敞开大门。然而,购买更多的东西并不会让你感到快乐。它只是个补丁而已,而补丁都是临时性的修补材料。

如果你想要找到永久的解决方案,那就问问自己为什么吧！为什么你觉得自己需要做一个追风者？你到底在追逐什么？当你专注于"为什么"时,你就能更容易地重新规划自己的答案,并选择一种不同的奖励方式。

● 如果想得到更多,就去争取吧

　　你把事情弄反了。如果你想要的是财富,那么通过花钱的方式是不会让你致富的。这正好与你的目标背道而驰:你是在花钱,而不是在赚钱,所以钱会越来越少,而且都花在了维护自己的面子上。如果你想要的是钱,那么得想办法去多赚钱。如果你渴望的是社会地位,那么需要去结交更多的朋友。不要将自己的生活重心放在与别人攀比上。那会让你变得消极被动,而不是积极主动。

　　要利用你已有的工具去开创自己想要的生活。每天问问自己,为了接近目标,你都做了些什么。买一辆豪车或一套漂亮房子可能让你感觉不错,但不会让你离想要创建一家企业或为生活带来可持续改变的目标更加接近,也不会让你养成能为自己带来基本的自我价值感的良好习惯。

　　然后再问下自己:我为什么要按照他们的方式生活？你

认为自己是在超越他们，但事实并非如此。你只是在按照他们的规则生活，玩着他们的游戏。你不是从自己的，而是从他人的人生目标和成就中获得幸福感和自我价值。你已经承诺要做一个亦步亦趋的追逐者了。问题在于你把锚抛错了位置。同辈攀比不会让你更加接近任何目标，相反，这不过是一种静止的模仿而已。当你制造出一种虚假的表象时，你感觉自己是在上台阶，但实际上是在原地踏步，随着花销越来越大，你将面临覆没的险境。

● 你的同辈都破产了

如果你羡慕代表财富和成功的家族，那么你的同辈并不是合适的对象。因为你的同辈都破产了。他们不像沃巴克爸爸[26]，而更像约翰尼·布洛克巴克。很抱歉，我打破了你的迷梦。你的同辈甚至根本没什么钱。当然了，多年来他们学会了一些叙述技巧，让自己看上去像个有钱人，以便愚弄像你这样的"朋友们"。你的同辈和你即将在下文中遇见的百万富翁没有什么两样。满足现状的人们不会明白这一点，但现在你应该弄明白了。

来见见世界上最贫穷的百万富翁

如果你曾经看过《日界线》《48小时》《20/20》之类的电视节目，那以前就应该已经看过这个故事了。

故事发生在一个近乎完美的家庭里，这个家庭在一个封闭的社区内拥有一个环绕着白色尖桩篱笆的美丽庭院。反映他们美好生活的照片在屏幕上闪过。但在几分钟之内，这个美好的天堂就陷入了麻烦之中，悲剧袭击了这个家庭。然后他们的邻居和朋友们接受了记者的采访。

"从表面上看，他们似乎是一个完美的家庭。"

"没有任何迹象表明他们会出问题。"

"他们家应有尽有。"

我想让你认识一下百万富翁迈克。他住在一栋拥有五间卧室的大房子里，开着一辆奔驰汽车，两个孩子都上私立学校。他的家人冬天去阿斯彭滑雪，夏天去夏威夷冲浪。假如你是个像迈克这样的百万富翁，那么你的生活将会是非常美好的。

唯一的问题是，迈克并不是什么百万富翁，远远不是。让我们仔细看看。

他真的拥有一个梦幻家园吗？不，那是他付了5%的定金买下的，另外95%都是抵押贷款。

他真的拥有豪华轿车吗？不，那是他租来的。

他的孩子们真的在私立学校读书吗？是的，但所有学费都由孩子们的祖父母支付。

他那令人神往的假期是怎么回事呢？哦，那都是他透支信用卡支付的——而且贷款至今还没有还清呢。实际上，他颇为自豪地背负着超过3万美元的信用卡贷款债务。

"从表面上看，他们似乎是一个完美的家庭。"

"没有任何迹象表明他们会出问题。"

"他们家应有尽有。"

迈克可谓世界上最贫穷的百万富翁——没有人预料到这一点。事情一旦败露，他们会感觉如何呢？哦，他们还没从美梦中醒来呢！只是你们已经了解了事情的真相而已。这正是迈克想要的生活方式，他想让每个人都觉得他是个百万富翁。

但其实他并不是百万富翁。

外表是会骗人的[27]。大家都认为迈克是百万富翁，因为他们看到了他的豪宅和豪车，看到了他的滑雪板和冲浪板，看到了他家孩子们的私立学校校服。他们看到了他的资产，并认为这些资产就是他的净资产，而他的战利品就代表他的财富。

善变者净资产计算公式：

$$资产 = 净资产$$

这是个公式不假，却是个错误的计算公式。

经了解得知，迈克的资产是用大量债务买来的。用债务购买资产没有什么错，而且在很多情况下，这是一种正确的财务举措。然而在计算净值时，你需要将债务全都考虑进去。这正是负债发挥作用的地方。

所以，净资产和资产并不等同。

应该是：

实际净资产计算公式：

$$资产 - 负债 = 净资产$$

假如把迈克的负债（债务）从他的资产中减去，他的财务状况将变得一片模糊。当然，只有迈克自己知道这一点。在外人眼里，迈克仍是个百万富翁。但在我们看来，他是世界上最贫穷的百万富翁。现在，你已经知道计算净资产的正确公式了。然而你会惊讶地发现，许多人在看别人炫耀他们的资产时，都会忘记这一点。

为了维持门面，迈克愿意借钱供自己消费。他愿意用负债来维持他的高端生活方式。迈克不是唯一会这样做的人——你也可能会遇到像迈克这样的善变的人。

假如善变的人不改掉自己的坏习惯，百万富翁迈克将仍会是世界上最贫穷的百万富翁。

现在请打开"独立"这个开关

要通过自我反省识别自己的生活模式。你有能力通过杜绝和改变这些行为，成为自己想要成为的那种人。

依赖自己而不是别人，你会意识到自己可以自给自足到什么地步。当你举起手、放下脚的时候，你就是在独立自主地走属于自己的生活道路。

不要依赖别人去寻找答案。

不要因为他们是大多数，就去依赖他们。

不要在乎别人怎么看你。

不要等待别人来决定你的感受，决定你要做出什么样的选择。

　　独立最强大的部分就是自由地控制自己的命运。这就意味着你可以独立自主地做出决定和选择。知道当你在意别人怎么想、怎么评价你的时候，你需要花费多少时间和精力吗？要做出清醒的选择，摆脱对他人的依赖。这一变革性经历将会让你重塑自己的生活，释放出你所拥有却从不曾知道的资源。你可以利用重新获得的时间和精力去过更有成效的生活。

　　独立并不意味着你独自一人漫步于乡间小路，或是在饭桌旁独自用餐。它是指你不再在观点、自我价值感、情绪和做决定等方面依赖他人。你仍可以去征求别人的建议、依靠自己的狼群，以及接受反馈性和建设性的批评意见，但不再为了他人的快乐而生活。这是让你去控制自己的决定和选择，然后做出属于自己的最好的决定和选择。

　　如果你按照别人的标准和规则生活，就会陷入一种人为的无休止的循环，即帮他人获取影响力和力量来控制你的生活。独立不仅仅指摆脱依赖的自由和有能力自由地思考与行动，还指你能够按照自己的规则去生活。你必须自己决定最好的生活是什么，别人无法替你做决定。

开关 4

S 代表自我意识

控制自己，以便控制自己的生活

窥视自己的内心，可以让你看清自己的心愿。向外看，你会迷失自我；向内看，你会大彻大悟。

——卡尔·荣格

Chapter 8

要事事较真

　　去过哈佛大学的人一定参观过作为哈佛大学校园历史中心的哈佛广场。在哈佛广场，你会看到纪念教堂、威德纳图书馆、大多数新生宿舍，以及哈佛大学校长办公室等所有的一切。秋季到来时，红色、黄色和橙色的落叶点缀着哈佛的校园，这是新英格兰地区美丽的景象之一。

　　在大学堂前，你会看到约翰·哈佛的坐式铜像[1]，他的腿上放着一本书。这座雕像的作者是丹尼尔·切斯特·弗伦奇，也就是后来建造了林肯纪念堂的那位雕塑家。这座雕像是哈佛校园

里最著名的雕像。作为一名哈佛的学生，我经常看到游客们

与这座雕像合影，并抚摩它的左脚尖，以祈求好运。

雕像上的铭文如下：

约翰·哈佛

创始人

1638

但是关于这座雕像，你还应该知道一些事情，实际上有三

件事——也就是这座雕像之所以以"3个谎言的雕像"[2]而闻

名的原因。

1.哈佛大学并非创建于1638年。哈佛是美国最古老的

高等学府[3]，但它是在1636年创立的。那一年，新英格兰马萨

诸塞湾总督及其同僚大法院（the Great and General Court of the

Governor and Company of the Massachusetts Bay in New England）

同意拨款400英镑（按1英镑约为8.7元人民币）来建造"一

所学校或学院"。1638年，也就是约翰·哈佛去世的那一年，

他把自己拥有400册藏书的图书馆和一半财产遗赠给了这所

大学[4]。

2.**约翰·哈佛并非哈佛大学创始人**。约翰·哈佛出生于英国，在剑桥大学接受教育，是马萨诸塞州查尔斯敦的一名牧师，30 岁时死于肺结核[5]。1639 年，为了纪念他的遗赠，大法院下令将这所学校命名为"哈佛学院"。因此，约翰·哈佛是哈佛大学的第一个捐赠者，而不是这所大学的创始人。

3.**那座雕像并非约翰·哈佛本人**。雕像上虽然写着约翰·哈佛的名字，但它建造于 1884 年，是约翰·哈佛去世将近 250 年后建造的。弗伦奇以哈佛大学法学院的一名学生谢尔曼·霍尔作为模特塑造了约翰·哈佛的头像模型[6]。霍尔后来成了美国国会议员和马萨诸塞州律师。

因此，关于这座雕像的一切说法似乎都归于一点——有关约翰·哈佛的身份、头衔以及年龄，其实都是截然不同的两码事。此类"谎言"并不仅限于雕像。在日常生活中，包括在工作中，我们常常会看到类似的模式。想想你的办公室里有多少事情被误导和掩盖了吧。你注意到自己的同事们上班时所穿的服装了吗？我指的不是制服，而是普通服装：它就是我们用以掩饰真实的自我和情感，以便使我们与职业生活、环境，甚至文化相适应的字面和比喻形式——尽管让人感觉很不自然。

例如，想想你每天在工作中常常会听到哪些谎言吧。

工作中常说的十个谎言

1. 我没有任何问题。

2. 我自己就能做好这件事情。

3. 是的，我们制订了行动方案。

4. 这桩生意做得好极了。

5. 我们彼此之间合作很愉快。

6. 这不是我的错。

7. 是的，我周一之前可以完成。

8. 我很想帮忙，但抽不出空来。

9. 我今晚乐意加班。

10. 你讲解得超级清楚。

有时，我们所说的和我们所想的截然不同。现将它们并列在一起，你会注意到它们之间的不同。

人们在工作中常说的十个谎言

你所说的	你所想的
我没有任何问题	等等，我们能从头再来吗
我自己就能做好这件事情	我需要别人的帮助

（续表）

你所说的	你所想的
是的，我们制订了行动方案	我们彻底乱套了
这桩生意做得好极了	只是一种轻描淡写的说法而已
我们彼此之间合作很愉快	快让我离开这个团队吧
这不是我的错	是我的错，但我不想对此负责
是的，我周一之前可以完成	开什么玩笑？周一之后一个月内能完成就不错了
我很想帮忙，但抽不出空来	没门儿，我正忙着做那个项目呢
我今晚乐意加班	5 点后别想让我待在这儿
你讲解得超级清楚	你的话我一个字都听不懂

是什么驱使一些人说谎呢？是恐惧。

老板会生气的。

我会看起来像个傻瓜。

人人都会责怪我。

聪明人是不需要帮助的。

这会影响我的业绩评价。

我的奖金会减少。

我会得不到晋升。

当我们踌躇不前时，我们可能会因自我保护而得不到自己所需要的信息。与此同时，老板会认为一切进展顺利。双方在结果上达成了一致,但基本信息却是不对称的。老板希望你完成某项任务,但你可能做不到,因为你没有提出问题,没有征求反馈意见,也没有请求帮助。

你觉得周一上午将会发生什么呢?

现在,让我们把"工作中常说的十个谎言"替换成"工作中强有力的十句话"。

工作中强有力的十句话

1.我需要帮助。

2.我不明白你的意思。

3.我犯了个错误。

4.我不知该如何处理这件事。

5.这是我的错。

6.怪我,不怪他们。

7.我能帮你什么吗?

8.我很抱歉。

9.我还应做得更好。

10.请多多指教。

请注意它们之间的差别。以上说法都是真诚和坦率的。它们表达了公开和诚实的想法,既简单明了,又有的放矢。

让我们把以上新说法排列起来,加以比较:

工作中强有力的十句话

你所说的	你所想的
我需要帮助	我自己做不来。我看重你的技能和专长。请帮我实现这个目标吧
我不明白你的意思	我听到了你的话,但还有很多问题要问。请多教我一些知识吧,以便我把事情做好
我犯了个错误	我承认错误。是我把事情搞砸了。我想做得更好
我不知该如何处理这件事	我想处理好这件事,但需要帮助
这是我的错	我愿意为此负责
怪我,不怪他们	这是我个人的责任,和同事们无关
我能帮你什么吗	我关心你,希望你取得成功
我很抱歉	我犯了个错误。我承认这一点,并想让你和我一同努力去做好它

你所说的	你所想的
我还应做得更好	我有足够的自我意识和自信了解公司对我的期望有多高
请多多指教	我看重你,并想学习你的成功经验

当你表达自己的内心想法时,你的声音听上去是真诚的,你所传达的信息也会更具影响力。当你实话实说时,这更有利于解决问题、实现目标、建立更强大的人脉网、提高工作效率,以及培养诚实的人际关系。别去结交那些穿着"戏服"或戴着"面具"的人。你只需要展示真实的自我,否则,你一生都在扮演虚假的自我。这会耗费你大量的精力和心思。

当你不再就下列条目自我欺骗的时候,你将成为最好的自我……

希望别人认为你是怎样的人。

你真正想以什么为生。

你真正想要的生活。

给你带来快乐的事情。

不再自我欺骗。

相反,要开始相信以下事实……

寻求他人的帮助和反馈是完全可以的。

你可以享受自己所从事的工作。

你可以选择自己想要的生活。

你的幸福取决于你自己，而且只取决于你自己。

为何应该事事较真

在生命中的某个时刻，大多数人都被告知过："凡事莫往心里去[7]。"因为错的不是我们，而是他们，不是吗？

但你搞错了。这其实是一种借口和防御机制，会让你忽视重要的反馈信息。

勇敢的颠覆者们会说："凡事都要认真对待。"

当你事事较真时，你会经历一个积极的过程。在这个过程中，你可以利用反馈意见来提高自己。

爱找借口的人、满足现状的人和善变的人以他们自己独有的方式做到了"凡事莫往心里去"。爱找借口的人掉在"不能"的陷阱中不可自拔，因此在他们的"雷达"上找不到自我意识的概念。满足现状的人照别人的吩咐做事，但从不内化或处理反馈信息。善变的人不听别人的劝告，只管做自己的事情。

当你秉持"凡事莫往心里去"的理念时，你会很容易错过来自他人，甚至来自自己的建设性反馈意见。持有这样一种封闭的心态，你怎么能使自己变得更加优秀呢？

尽管保持清醒的自我意识和对反馈意见保持开放心态是非常关键的，但事事较真并不意味着任何事都至关重要。这并不意味着你必须关心那些鸡毛蒜皮的小事，并让大家来指责你。相反，只有你才有可能辨识哪些反馈是有用的，可以让你接近终极的内在真相。自我反省和自我完善过程可以驱动你提高情商。你所听到的每一条建议都是有价值的反馈吗？答案是否定的。做出评估和使用过滤器的权利掌握在你的手中。

不要只听那些总是对你唯唯诺诺的人的意见，你会从那些对你说"不"的人那里获得更多有用的信息。如果你是一位企业老板，听到超级粉丝们说你的产品有多棒，会让你感到十分欣慰。然而，花更多时间听取对你的产品不满意的顾客的意见，将会使你获得更为具体的反馈信息，会让你把产品做得更好。你的目标就是竖起耳朵去接受更多的反馈信息，从中汲取积极的和建设性意见，通过对两者进行处理，让自己过上更加甜美的生活。

自我反省和自我完善看似是一种新趋势，但它们的根源却可以追溯到近700年前的一位德国僧侣那里。

● 14世纪的德国僧侣帮助达美乐比萨重获新生

14世纪的德国僧侣兼炼金术士贝特霍尔德·德尔·施瓦策是较早从事自我反省文章写作的作家之一[8]。自我反省是一个了解自我并利用反馈来学习如何使自己变得更加优秀的过程。但施瓦策并不知道，是他让后人在6个世纪后享用上了更美味的比萨。

自我反省通常包括与自我对话和自我评估，但你也可以从处理外部反馈开始，然后再进行内部处理。为了充分利用自我意识所带来的益处，你必须同时掌握来自内部和外部的所有反馈信息。

就让我们从外部反馈开始说起吧。

记住：只有你能够决定自己在生活中聆听谁的话，以及聆听什么。只有你自己能够选择接受或忽略掉哪些反馈。把消极反馈从建设性反馈中分离出来是至关重要的。因为前者会让你掉入"不能"的陷阱，而后者则会让你更接近柠檬水式生活。

如果你正在经营某个像达美乐这样的消费品牌，就会听到来自比萨粉丝和怀疑者的各种各样的反馈声音。达美乐公司前首席执行官帕特里克·多伊尔在领导这家公司时面对的正是这样一种境况。多伊尔或许很好地运用了施瓦策的一些自我反省原则，从而完成了历史上伟大企业之一的升级转型[9]。

当多伊尔决定直面挑战的时候，达美乐还是个尚在苦苦挣扎的品牌。多伊尔用一种非传统的方式做了些广告[10,11]，同顾客分享公司收到的有关比萨的残酷的反馈信息：

·"这是我所吃过的最糟糕的比萨了。"

·"没有任何味道。"

·"它的酱汁尝起来像番茄酱。"

·"我觉得，达美乐比萨的皮就像硬纸板。"

你不是每天都能看到有哪一位首席执行官在全国性的广告推广活动中同大家分享顾客对其公司的负面反馈信息的。

多伊尔没有无视批评意见，并照常营业，而是表现得更加真诚和坦率。他接受了这些刺耳的反馈，认真倾听顾客的意见，并愿意做得更好。他承诺将通过不懈的努力来改善比萨的品质和口味，使品牌现代化，并融入更多技术。多伊尔没有接受折中方案，也没有无视负面的反馈信息，相反，他将反馈当作推动达美乐公司转变的动力引擎。他的创造性努力不仅提高了品牌知名度,还为股东们带来了丰厚的财务回报。

你将如何汲取这些经验,并将那位 14 世纪僧侣的教诲融入现在的生活中去呢?

你可以从事事都要较真开始做起。

就像达美乐公司的案例一样,事事都要较真意味着你必须善于倾听和处理外部反馈,以便打造出更好的品牌。

它还意味着,你必须善于倾听和评估自己,然后通过处理内部反馈,让自己变得更加强大和诚实。为了在你的生活中融入更多的自我意识,这里有两个简单易行的反馈练习,它们有助于你更好地了解自我,并向你展示如何在每项工作中取得更大的成功。

● 第一步: PSWOT 分析

创建一份个人 SWOT（PSWOT）分析,它代表你个人的优势、劣势、机会和威胁。SWOT 分析的发明者是艾伯特·汉弗莱,他是一位商业和管理顾问, 20 世纪 60 年代在斯坦福研究所（Stanford Research Institute）构建出了这个框架[12]。

在一张纸上画一个坐标,上面有四个象限,分别标着S、W、O和T,如下图所示。

PSWOT分析

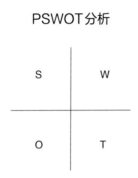

以下是每个字母所代表和象征的内容:

字母	代表	象征
S	优势	你的闪光点
W	劣势	你的不足之处
O	机会	你能够获胜的潜在领域
T	威胁	你的内部和外部障碍

在每个象限中,列出你的三大优势、劣势、机会和威胁。

你的PSWOT分析应该基于自己的内部反馈(自我认知)和外部反馈(来自家人、朋友、同事、老板和其他人的反馈)。

有了这样一个清单后，你会发现里面包含大量信息。为了达到PSWOT分析的目的，4个象限并不是完全等同的：重心应该是你的优势[13]。优势是你的主心骨和基础，你需要利用它来获取机会。明确你可以利用哪些优势来获取哪些机会，然后用直线连接它们。同样，你可以利用优势去消除或缓解威胁，因为它们正好挡在你和机会之间。想想哪些优势可以帮助你打败哪些威胁。

该怎么对待劣势呢？

常识告诉我们，要集中精力去改善自己的劣势。太多人落入了这个陷阱，他们花时间和精力去改善自己的弱势，试图把它们转化为优势，就像你应该变成一个完美的超人才行。如果你在追求完美，那最好还是停下吧。如果想让每一种劣势都转化为优势，那你永远无法实现自己的目标。你不可能样样都擅长，没有人会这样。

同样，在追求完美的过程中，太多人放大了自己的劣势，即使是微不足道的劣势。我们每个人都有自己的劣势，但只有你自己才能确定这些劣势会在多大程度上拖你的后腿。只有你自己才能确定它们在你的生活中扮演哪些角色和起什么作用。

相反，要把劣势看作有益的：它们可以让你知道不该在哪些地方浪费时间和精力。它们还可以帮助你缩小关注范围。如果你不擅长某件事，就别浪费时间去做它。知道自己的劣势是什么时，你会变得更加强大，因为你可以把能量集中在其他地方。你正好可以集中自己的优势力量去披荆斩棘、攻坚破难，并乘胜前进。劣势不会为你带来任何结果——而优势可以。因此，要把所有的努力集中在利用自己的优势来抓住机遇上。

PSWOT是一项重复性练习，每隔3个月、6个月和12个月，你需通过重复练习来跟踪你的进展。

● 第二步：GOAL分析

以下练习中包含自我反省的另一面：能够预测结果，将结果同预期进行比较，然后通过处理反馈更好地了解自我。管理大师彼得·德鲁克指出，16世纪，洛约拉的圣伊格内修斯也曾使用过这种"反馈分析"[14]。他是耶稣会的创建者。根据德鲁克的说法，反馈分析有助于你处理和运用自我理解能力，以便优化你的时间和努力。

在一张单独的纸上列出4个专栏，如下图所示：

GOAL分析

| 目标 | 结果 | 行动 | 收获 |

每个专栏表示：

字母	代表	象征
G	目标	你想要实现的目标
O	结果	你期望达成的结果
A	行动	为了实现目标，你所做的事情
L	收获	你在达成预期目标过程中学到的经验

　　现在你应该已经填完了目标和结果专栏。行动和收获专栏应该在此后的3个月、6个月和12个月内完成。在此期间，要跟踪你的进展，并确定你的决定能否让自己实现目标。如果不能，就需要反思为什么你的行动不能带来自己想要的结果。

　　例如，帕特里克·多伊尔的GOAL分析看起来应该是这样的：

帕特里克·多伊尔的GOAL分析

字母	代表	呈现
G	目标	让达美乐比萨重获新生
O	结果	促进销售、令顾客满意及提高股价
A	行动	根据顾客反馈开展广告宣传活动,转变企业经营方略
L	收获	通过大胆的创新,将诚实的反馈和自我反省结合起来,有助于实现预期的结果

如果说PSWOT分析是用来确定路线图的框架的话,那么GOAL分析就是用来进行自我反省的有效工具。你越重复这些练习,就越能更好地了解自己,并确定哪些策略最适合自己。

拥有更强大的自我意识能力会对你的个人生活和职业生涯产生重大影响。自我意识是指对自己、他人和周围的环境变得更加警觉。让我们分别举例说明,并开始探索自我意识是如何助你了解他人的。

让我们接着比萨的话题继续往下聊,看看以下两个比萨店主是如何运用自我意识原则的。看看你能否确定哪个企业家更具自我意识,以及为什么这点对她的生意来说至关重要。

午餐时间,在纽约市两个主要火车站之一的宾夕法尼亚火车站附近，人行道上挤满了游客，他们都急切地想去参观时代广场、帝国大厦和梅西百货。

相邻的几个街区内有两家小型的比萨快餐店。这两家快餐店分别由不同的创业者经营。第一家快餐店装饰着洁净的白色地铁瓷砖。它为顾客提供一系列由新鲜的有机原料制成的手工比萨。餐厅老板凯尔西是位受过传统培训的厨师。

几个街区之外还有另一家比萨快餐店，它为顾客提供一美元一片的比萨。该比萨店装饰简单，销售的比萨没有使用任何有机原料。番茄酱用罐头盒子盛着。店主名叫凯蒂，这辈子从没上过烹饪课。

两家快餐店都卖比萨。一家门前顾客排起长龙，另一家门前却空无一人。

猜猜是哪家顾客多，哪家顾客少。

两家的"战绩"相去甚远。一美元比萨店完胜另一家比萨店。

为什么会这样？

第一家快餐店的手工比萨味道更好，也更美观。它的品质更高一些。毫无疑问，凯尔西是个货真价实的艺术家和能工巧匠。她在创造力上更胜一筹。凯尔西觉得，作为一名企业家，她理应让世人分享她的作品。

然而，凯尔西却搞错了。她不了解顾客或者她家店铺所处的地理位置。凯尔西只想开一家属于自己的公司，做一名企业家。她所想的是展示自己的烹饪能力，而不是满足目标客户的需求。凯尔西眼里看到的是她自己，而不是顾客。等到她看清楚这一点——如果能看清楚的话——她早已破产了。

曼哈顿地区的游客们都是行色匆匆的。他们想要的是快捷实惠，而不是手工艺品，越简单越好。凯尔西的创意可能不错，但她选错了社区，误解了客户群。

这与老派的、有特色的夫妻店的衰落，以及相应的新时代比萨业务的商品化无关，这只是一个简单的创业故事。道理在于你必须关注顾客想要什么，而不是你自己想要什么。要懂得该怎样为顾客们的生活增添价值，让他们把假期过得更轻松些。他们奔波了一整天，急需吃到一种熟悉而又可口的食物。

企业家的含义在于为他人着想，而不是为自己着想。一旦你了解了自己，也就更容易理解他人了。

当你努力审视自己的内心时，外部力量或威胁也会对你的自我发现和自我意识形成干扰。有时，生活会变得嘈杂不堪，学会如何应对这些噪声是至关重要的。

当心令你分心的啦啦队长

在纽约市，非紧急呼叫号码 3-1-1 每天能接到 5 万个投诉电话 [15]。你知道被抱怨最多的是什么吗？对了，是噪声。

飞机、直升机、车流、大声的音乐、建筑工地、扫叶机等。

在曼哈顿中城，噪声有时可达 95 分贝，明显高于美国政府建议的 70 分贝平均值 [16]。2009 年，欧盟制定了夜晚的噪声应低于 40 分贝的标准，并规定白天的连续噪声不应超过 50 分贝 [17]。

日常生活中的噪声是很难回避的。噪声的主要特点是音量大、令人心烦，同时它也是令你注意力分散的头号啦啦队长。

众所周知，噪声潜伏在你的朋友、父母、同事，甚至你自己的思想中。这并不是一种无害行为，因此有必要尽你所能地确保自身安全，找出谁是肇事者。以下是近来发现的一些会使无辜和努力工作的人们心烦意乱并剥夺他们的注意力的噪声：

1. "这样做永远行不通。"

2. "你真的能应付这一切吗？"

3. "竞争太激烈了。"

4. "放弃吧。你知道这个词怎么写吗？"

5. "把钱花在这里吧。"

6. "把时间花在那里吧。"

7. "嘿,你该去弄个尊贵点的车牌,上面写着UWLFAIL。"

你知道噪声是什么吗？

噪声是偷走你的注意力、阻碍你实现梦想和目标的"窃贼"。要把噪声当作你通往成功道路上的障碍。

你知道自己生活中的噪声有哪些吗？

在一张纸上写下你在生活中觉得嘈杂的五件事。嘈杂的事情未必是发出声音最大的事情,但一定是时间和生产效率的无声杀手。噪声可以是任何事物,从你每天浏览10多次的最喜欢的网站,到给你的灵魂注入消极因素和质疑因素的人。

那么,免受噪声干扰的秘诀是什么呢？

识别出你生活中感到嘈杂的五件事,只是你迈出的第一步。只有当你知道让自己分心的事情是哪些时,你才能无视它们。

你知道哪些人喜欢噪声？两种人:爱找借口的人和善变的人。

为什么？

爱找借口的人喜欢噪声，因为这样他们就不必关注摆在面前的问题了。噪声有助于他们玩一场长期拖延游戏。噪声有助于他们逃避目标设定，会为他们带来迫切需要的慰藉，因为他们没有任何目标。他们喜欢找借口，而噪声正好是他们用抱怨来隐藏自己的一种方式。

善变的人也喜欢噪声。他们四面出击，到处搜寻最新消息和热点问题。他们准备展开下一轮追逐，而噪声正好可以成为他们的切入点。

爱找借口的人和善变的人很容易被噪声分散注意力。当他们受到愚弄和欺骗的时候，你知道坐在桌子对面远离噪声的是谁吗？

是竞争。

当你心烦意乱的时候，你的竞争对手们正专注于他们的自我意识和自我反省。他们不会欺骗或愚弄自己。他们正在奋发图强，以期把事情做得更好。

所以，不论什么时候，当你感受到干扰因素和欺骗伎俩的诱惑，或者正在无底洞里越陷越深的时候，千万不要轻易上当受骗。不要让噪声成为你生活中的借口、障碍或干扰。

记住：竞争就坐在噪声对面，要明智地选择自己的座位。

有噪声，就说明有竞争。

如果你能掌握好消除噪声的能力,就能够更好地了解自己,战胜干扰。一旦噪声消失,你就该将注意力集中在自己必须掌握的最重要的技能上了。这里没有任何回旋或妥协的余地,这才是对你来说最重要的东西。

别责怪希拉会计

希拉真可怜,她总是因为别人的问题受到指责。

楼下大厅里总是有噪声?找希拉会计谈谈吧。

本月的销售额下降了吗?找希拉会计谈谈吧。

客服没在24~48小时内回复?找希拉会计谈谈吧。

演讲稿错误百出?找希拉会计谈谈吧。

希拉没有制造任何噪声,与月销售额毫无瓜葛,不供职于客服部门,而且也没有参与起草演讲稿。然而,人们似乎总是责备希拉。

你猜怎么着?

你不能责怪希拉会计。

要去责怪你自己。这叫作责任意识,意味着你要承认自己的缺点、失败、错误和混乱。现在,责任意识的缺失似乎比以往任何时候都更为严重。期望文化和责任文化之间存在不平衡。这种不平衡已经倒向了期望文化一边,从而抹杀了行动和责任之间的联系。

爱找借口的人喜欢站在自己的临时讲台上,对着话筒高声喊叫,但当该采取行动的时候,他们却不见踪影。批评、攻击和抱怨是很容易的。但首要问题是:你打算做些什么来改变自己的现状?你打算如何改变自己当前的处境?你打算做些什么来改变自己的生活?可悲的是,爱找借口的人根本找不到答案。

生活不会赐予你任何东西。不要总是期望,要学会付出;不要总是要求,要学会请求;不要总是希望,要学会执行;不要总是等待,要学会行动;不要总是设想,要学会表现自己。

爱抱怨的人喜欢聚集在缺乏问责制的屋檐下。爱找借口的人不会对自己的行动负责,出问题时,他们不会坦白承认,不会对结果承担责任。勇敢的颠覆者们的口头禅是:你要对自己的行为负责。每个人都想要生活中有利的一面,他们希望获得人们对他们取得的成功和荣誉的认可。但鱼与熊掌不可兼得。如果你想自由地过上柠檬水式生活并且享受你的劳动成果,就需要对意想不到的结果承担责任。如果你是一名企业家或首席执行官，就需要负起全部责任，无论是好事、坏事，还是丑事。勇于担责既是你衡量勇敢的颠覆者们的方式，也应该是你用来衡量自我的方式。

你不能只是因为自己已经在这家公司待了5年，就指望会获得晋升。

你不能仅仅因为又过去了一年，就指望会加薪。

你不能仅仅因为自己上过最好的学校，就指望受到特别优待。

你对工作的每一个期望都需要通过问责制来加以权衡。

你见过工作中从来不愿承担责任的人吗？那种人生活在期望文化，而不是责任文化中。

期望是一种假设：你认为作为一名员工，就应该得到一些东西。这种期望很快就会变为抱怨。

"我没有得到足够的业务指导。"

"老板从来不到现场。"

"从来没人跟我讲过公司的远大战略是什么。"

假设这些是你找的理由，对于每一条找的理由，你其实都可以做点什么。你不必总是等待他人来解决这些问题，毕竟，它们都是你提出来的。

对于"我没有得到足够的业务指导"，你应该主动地跟老板谈谈，提出适当的问题，并得到所需的指导。这不是一种单向谈话。

对于"老板从来不到现场"，也许这是件好事。他或她不在现场，正好可以让你自由自在地大显身手。不要期待老板出现。要尽快提高自己，争取成为一个领导者。

对于"从来没人跟我讲过公司的远大战略是什么"，你曾问过这个问题吗？在理想的情况下，公司会尽量关心员工，并确保他们了解公司的使命和战略是什么。可以去问问同事，公司的战略是什么，以便将它融会到你的工作过程中去。

遇事不要责怪希拉会计。相反，要学会事事较真。

Chapter 9

学会说"不"

传统思维告诉我们：永远不要说"不"[1]。我们被教导要永不言弃，即使遭到拒绝，也要坚持下去[2]。

尽管坚持是有价值的，但有时盲目坚守一套方案、一种结果或一个目标可能会弊大于利。

听到"不"这个词时，我们会感到不舒服、伤心和失望，但隐藏在"不"背后的"为什么"才是至关重要的。不要太过执着，以致听不进他人的意见。不要冥顽不化地坚守自己的事业，以致错过修正人生道路的机会。

这就是你要学会说"不"的原因。

勇敢的颠覆者们之所以与众不同，是因为他们发现倾听他人的意见很重要，即使当他们遭到拒绝的时候——也能够根据反馈做出必要调整。

若想知道为什么说"不"往往比说"是"更重要，就去问问雷·克罗克吧[3]。

51岁时，克罗克还是个勤奋的多轴奶昔搅拌机推销员。当他在美国中西部走街串巷推销商品时，他从多家冷饮店老板那里听到了同样的消息：他们不需要可以同时生产5种奶昔的多轴搅拌机。克罗克通过听取顾客的反馈意见了解了其中的原因。当时人们正从城市向郊区迁移，人口结构的变化抑制了这种需求。随着顾客减少，冷饮生意开始变淡，附近街区的冷饮店纷纷关门了。

这正是当加利福尼亚州圣贝纳迪诺市的一个小汉堡摊一下子订购了8台多轴搅拌机时克罗克感到特别好奇的原因。在得到一个新客户时，满足现状的人会兴奋地想到不断增加的潜在销售量。克罗克也对这笔交易感到兴奋，但与此同时，他还对这位顾客为何一下需要这么多搅拌机，而其他客户甚至连1台都不买感到好奇。当克罗克拜访这位顾客——麦当劳兄弟迪克和马克的时候，他找到了答案。

与传统汽车餐厅不同的是,麦当劳兄弟的摊位是自助式的,价格低廉,有限的几种食品均在流水线上制作而成,因此客户只需等几分钟就能拿到食品[4]。克罗克意识到,麦当劳兄弟创造了一种比冷饮店和汽车餐厅更高级的商业模式。他觉得,如果自己能将麦当劳兄弟的经营理念复制到全国各地,并让每家餐厅都配备8台多轴搅拌机的话,那将是个巨大的商业机会。

从某种程度上说,克罗克是站在善变的人的立场上来经营销售生意的,因为他总是渴望寻找下一个商业机会。但这次情况发生了改变,他让自己变成了一个勇敢的颠覆者。这种"改变"是从说"不"开始的——这改变了他的人生。尽管其他客户拒绝了他的推销,但他从冷饮店和汽车餐厅老板那里了解到,人口结构的变化影响了他们的商业模式,这是他们对多轴奶昔搅拌机的需求减少的原因。

克罗克弄清了这个"为什么"——尤其是潜在业务模式的挑战和他销售工作之间的关系。克罗克对麦当劳兄弟采取了相同的方法,并没有简单地把他们当作一个新客户。他关注了麦当劳兄弟为什么会下这么大的订单,并意识到他们的新商业模式是独一无二的。

正是因为麦当劳兄弟,克罗克从一个善变的人一下变成了一个勇敢的颠覆者。他彻底改变了快餐行业，成了一名亿万富翁。

那么该如何学会说"不"呢？有以下三种方式：

· 不要假装成勇敢的颠覆者（"耶，我们是一家科技公司！"）。

· 持有"不能"的态度。

· 辨识负面的信息。

不要假装成勇敢的颠覆者
（"耶，我们是一家科技公司！"）

对于每一个想要颠覆整个行业的雷·克罗克来说，对面都站着一位对自己公司的市场定位十分满意的企业家。你可能听到过这样的故事。他们认为自己是不可阻挡和难以颠覆的。他们认为顾客会永远喜欢他们，就像一个自信的乐队男孩那样，认为他们的音乐永远不会有停止的那一天。

即使他们的销售额开始下滑，他们也能在自己巨大的市场份额中找到安慰，并认为他们不会受规则的约束。他们何必去做出调整呢？他们才是最伟大的企业家，其他人都需做出调整来与他们竞争。他们的企业太庞大了，根本不会倒下。与此同时，每一天，在某个地方，不知出于什么原因，总是有人在试图打垮他们。当那一刻真正到来的时候，一切都为时已晚。

多年后，那些从未接触过科技行业的前巨头们却突然宣布，他们的企业现在已经是一家科技企业了。多年来，他们一直都是回避科技的。他们没有电子商务方面的业务往来，没有应用程序或创新产品。现在他们发布了新的应用程序或"更新"了网站，就像没人注意到这家企业已经退出市场好多年了似的。他们假装自己和颠覆性的竞争对手们一样灵活和拥有创新力。

一旦你的公司被一家年轻、有活力和具有创新精神的公司颠覆，你就很难再去颠覆他们，并证明自己仍是战无不胜的王者。因为你已经被颠覆了。如果你的公司与科技毫不相干，但你却试图谎称其是一家科技公司，是种不诚实的做法，会让自己在顾客中失去信誉。他们不相信你的公司会在一夜之间变成一家富有创造力和创新精神的公司。改变商业模式，让它更高效和为消费者节省更多成本，需要付出数年的努力。一看到别人做什么，你也立刻跳出来去做什么是行不通的，消费者会看穿你的真面目。

如果你的公司是一家玩具公司，而且还没建立自己的电子商务平台的话，亚马逊早就把你当"午餐"吃掉了。

如果你的公司是一家机场汽车服务公司，而且刚刚推出自己的应用程序的话，优步（Uber）和来福车（Lyft）早就抢了你的风头了。

如果你的公司是一家旅行社，认为现在是时候让自己的网站变得更有亲和力的话，艾派迪（Expedia）和猫途鹰（TripAdvisor）早就把你"打"得满地找牙了。

很多旧公司都在不知不觉中倒闭了，它们的持有者是冒牌的颠覆者。他们不能迟到 10 年，还指望市场会为他们的新应用程序而欢呼雀跃。当有真正的颠覆者为顾客带来更高的价值和提供更好的服务时，人们为什么要选择他们？

这些公司的持有者并不是颠覆者，他们只会制造"人工噪声"。他们像善变的人们那样，抓住一条绳索，就希望能够破浪前行。在他们刚开发出应用程序或称自己的公司是一家技术公司时，消费者难以识别他们，并开始购买他们的产品，使用他们的服务。在那些新公司还没有成长壮大之前，他们或许还有创业机会。

再说一遍，你们的时代一去不复返了。你们曾经拥有平台和通道去重塑和优化你们的商业模式,你们控制着整个行业并拥有一切机会去改变模式,为客户带来更多利益。而现在,你们只是为了改变而改变。你们不必成为进入市场的第一个颠覆者,第一个颠覆者具有首发优势,但假如其他公司行动和发展迅速的话,照样能够适应变化。如果你只是照本宣科地认为现在是颠覆的大好时机的话,那就大错特错了。你不必通过看新闻头条或电视上股价的涨落来确定实施创新的适当时机。否则,你一定是个冒牌的颠覆者。

你有权转变你的商业模式。你可以承认错误,并勇敢地担起责任。你可以去适应和重建,但这绝不会是一段轻松的旅程。尽管你拥有首发优势,并早就做出了改变,但必须付出5倍的努力才能够收复失地。你必须重建信任,重获他人对你的信心。重建的机会总是有的,但你不能在被击垮后突然举起手来说自己是个勇敢的颠覆者。

勇敢的颠覆者们善于审时度势。他们不追逐潮流,善于观察和分析。他们通过判断来了解该如何把碎片组合在一起,以及在什么情况下不能这么做。他们会评估消费者的偏好和技术创新情况。他们会利用自己的创造力和直觉找到更好、更快和更便宜的方式——只为创造自己的影响。

别做冒牌的勇敢的颠覆者,因为人人都能看穿你。

持有"不能"的态度

说到成功,我们曾被教导过哪些秘诀呢?

当然是要持有"我能行"的态度[5]。

我们被教导要精力充沛、充满活力,用积极的态度去追求自己的目标。假如不知道该如何做某事,就应该去寻找解决方案。我们要边学边做,要想办法解决问题。

在某种程度上,这没什么错。我们都喜欢持有"我能行"态度的人。他们让我们感到放心,使我们相信找到了可靠的人去完成需求。同样的情况下,我们更喜欢工作时面带微笑的人。

另一种态度是什么呢? 我们应该带着悲观和挫败的态度去执行某项任务吗? 我们能不尝试就拒绝去执行某项任务吗? 我们能皱着眉头工作吗?

人们很容易将勇敢的颠覆者和"我能行"的态度,以及把爱找借口的人和"我不能"的态度联系起来。这是因为勇敢的颠覆者富有进取心,而爱找借口的人缺乏奋斗目标。

然而,事情并不这么简单。

人们很容易会把持有"我能行"态度的人同能够成功完

成某项工作的人混为一谈,但他们却是完全不同的两种人。例如,有些人无论做什么事都面带微笑,但不管尽多大努力,还是无法圆满完成任务。你会理解这里的表达失误和内在的信息失衡。从一开始,双方的期望可能就是不匹配的——发出邀请的人错误地将持有"我能行"的态度与确保能准确和按时完成任务画上了等号。

这就是为什么持有"我不能"的态度如此重要。

持有"我不能"的态度并不意味着让你放弃"我能行"的态度,并且变得冷漠、畏首畏尾和无所作为。这不是责备老板或告诉老师不做家庭作业的"通行证"。相反,持有"我不能"的态度是让你诚实地看待自己、透明地对待他人,以及正视自己的优势和劣势[6]。持有"我不能"的态度是让你知道自己什么时候能发光,什么时候不能发光,以及什么时候你是个专家,什么时候只是个新手。透明的承诺可以从工作面试开始。

一组来自意大利、中国香港和英国伦敦的大学研究人员试图对自我验证在组织招聘决策方面所起的作用做一番研究[7]。自我验证是心理学家威廉·B.斯旺提出的一种社会心理学理论,该理论认为即使在拥有消极的自我看法的时候,人们也更喜欢别人看待他们就像他们看待自己一样[8]。之前的研究表明,在工作面试中,65%~92%的应聘者会做出"主动性虚假陈述"行为,而87%~96%的应聘者会做出"省略性虚假陈述"行为[9]。

研究人员发现,面试中尽量自愿分享自己的优点和缺点的高素质应聘者会给面试官以更可信和更真实的印象。

根据他们的研究,提供更平衡的自我评估会增加高素质求职者求职成功的概率。例如,当高素质的教师职位应聘者在面试中尽量分享自己的优点和缺点时,他们被录取的概率会增加22%。同样,当想要在美国军队中谋求律师职位的求职者努力进行自我验证时,他们获得工作机会的概率能够增加5倍以上。

太多人急于宣称他们无所不能。无论是在面试期间,还是在入职后,为了给人留下好的印象,他们都会做出一些不切实际的承诺。结果是,他们承诺过多,但是兑现不足。在老板面前说"不"从来不是一件容易的事。你不想让人觉得你在挑战权威或是一个不愿意合作的团队成员。

然而,告诉别人你不能做某件事需要更多的勇气和真诚。这并不意味着你低估自己、过早地放弃,或者不再相信自己的能力。承认自己不适合做哪项工作或不知该如何完成哪个目标需要克制和自我意识。承认自己的缺点并不可耻,当你说出事实真相时,你反而会显得更加可靠。是的,你可能拥有很强的学习能力，你工作要求的一部分可能就是无论如何都要找出问题，并把它解决掉。你可以继续保持这种学习热情，但同时也要诚实地对待自己的出发点。即使认为其他人可能比你做得更加出色，但也要想方设法地支持这个项目，并表现出自己的兴趣。

要用现实主义去平衡乐观主义。

说出事实真相会为你创造透明度，以让人们尽早地调整，使结果与期望一致。这不仅有利于建立当前的信任，还会减少日后的失望。寻求帮助的人应该知道你是不是完成某项任务的最佳人选，以及你是否已经明了需要做些什么来快速进入状态。这会让你调整心理预期，并相应地做出适应。寻求帮助者可能需要找能力更强的人帮忙，也可能仍需你的帮助。

我们常常习惯于说："我当然能做。"但说"不，我做不到"需要更大的勇气。你不必对生活中的每件事都说"是"。诚实地问问自己你擅长什么和不擅长什么，这有助于评估该把时间和精力花在什么地方，以带来最大程度的回报。这不是说你不能去做某一项新工作或争取更多。只有更自信的人才会承认自己有些事情不会做，而不是样样都行。

当你有信心承认自己的短处时，你就会赢得无限的自由。了解自己的弱项可以让你避免在人生道路上犯错。这不是让你消极怠工、不相信自己，或者持有糟糕的人生态度。而是让你意识和领悟到自己是谁，以及该如何利用你的优势去改变自己的命运。

不要因为你觉得想要获得成功就应该怎么做而错误地坚守"我能行"的态度。要通过拥抱"不能"的态度，让自己变得更加深谋远虑和真实可信。"不能"的态度既是一种判断和克制练习，又是一种预期管理练习。你会更加了解自己并显得更加可靠。

懂得该什么时候亮出"我能行"和"我不能"的态度，有助于你获得更多平衡，并最终使你在关键时刻变得更加可靠。

辨识负面的信息

还记得你最近一次收到负面的或建设性的反馈信息是在什么时候吗？

它可能是你不愿听到的某件事情，可能是个惊喜，也可能是你不赞同的某项内容。不是你一个人会有这种抗拒反应。当收到不想要或听到不喜欢的反馈时，我们的自然反应就是回避它，或者攻击提供这些反馈的人。人类的天性就是防御和忽视我们认为与自己的感知不一致的东西。俄亥俄州立大学的研究人员认为，这是因为人脑对消极刺激的反应会更为强烈。这一现象被称为"消极性偏见"[10]，意为消极的想法、情感或互动会比积极的或中性的想法、情感或互动对人的心理状态产生更大的影响。

下次当你收到建设性反馈信息时，我希望你换一种方式来对待它。要去倾听，并找出它的潜在信息。通常情况下，你所需要的信息都会是负面的。

让我们以一位企业家向投资者推销一项新业务为例来加以说明吧。投资者每天都会听到各种各样的推销词，其中大部分都会因这样或那样的原因而拒绝。以下是投资者们会无视哪怕是最好的创意的一些常见原因。注意企业家听到的信息和他们应该听到的信息之间的区别。

投资者的话	企业家听到的	企业家应该听到的
"这个市场上人太多了"	投资者认为竞争太激烈了	"你还没告诉我为什么你的点子比你的竞争对手们的好呢"

投资者非常了解市场形势，很可能你的想法早已以某种

形式被其他人仿效了。许多市场都是垄断型的,你的企业要想在现有市场上取得成功,你必须让投资者信服你的公司将如何,以及为什么要从你的竞争对手那里分一杯羹给你。

这位企业家没有说明他的点子有何不同之处,区别优势是什么。他了解每个竞争者的优势和劣势吗?他们的软肋在哪里?这次投资活动将会如何抢占他们的市场份额?需要花多少钱?这位企业家的点子可能有不同之处,但筹集资金的部分工作就是说服和让他人相信你的观点。

投资者的话	企业家听到的	企业家应该听到的
"这个点子我听到过无数次了"	投资者认为这个点子已经有人用过了	"你还没告诉我为什么其他聪明人都失败了,以及为什么你是解决这个问题的正确人选"

许多新发明都能解决一些未解决的问题,而创意均来自其他人的失败经历。投资者有这种感觉是有理由的。你必须让他或她知道你的方法有什么不同之处。你还应该弄清谁曾经试图解决过这个问题、他们做过什么、他们为什么会失败,以及为什么你的方法更好。要把过程背后的原因讲清楚,给别人一个相信你的理由。

投资者的话	企业家听到的	企业家应该听到的
"这个市场太小了"	这个市场太小了，所以没有足够的顾客来支撑这个企业	"告诉我为什么你认为这个市场比我想象得要大。请说明你将如何扩大这家企业的客户群"

要让投资者明白为什么他或她误解了市场规模。要细分客户和市场。要向他们说明你潜在的客户市场、竞争格局和收益潜力。要向他们证明谁是目标客户，以及这些人为什么会花钱购买你的产品或服务。

投资者的话	企业家听到的	企业家应该听到的
"我不会购买这种产品"	投资者不喜欢这种产品	"我不购买这种产品的原因有很多。你知道是什么吗？"

如果你是客户，而不是经济利益相关者，那你会购买自己的产品吗？你会购买10个这种产品吗？你必须弄明白为什么他们不喜欢这种产品，是因为设计、功能、实用性，还是价格？是他们错过了什么，还是你错过了什么？要了解顾客不买这种产品的背后原因，并反思该产品是需要改进呢，还是确实缺乏市场。

投资者的话	企业家听到的	企业家应该听到的
"这个产品只是太超前了"	投资者想要让我多花钱进行概念验证	"你的点子听上去不够完善"

这不是指早期投资者和后期投资者，而是指在同样的情况下，无论在企业的哪个阶段，任何投资者都看不到价值定位。你的想法足够成熟吗？你有没有仔细分析过这个点子为什么会成功？你的公司只是生产某种产品，还是拥有真正的商业模式？

生产某种产品并不说明这是一家企业，你需要有盈利模式。作为企业家，你必须总是试图了解一家公司该如何赚钱。他们到底是干什么的，拥有产品或生产许可证吗？他们是餐厅经营者，还是拥有餐厅资产的房地产投资者？

区分我们听到的和我们应该听到的信息是很有价值的。当我们定睛细看和侧耳聆听的时候，我们就能学会说"不"。我们就可以处理反馈，不管是负面的，还是建设性的，汲取其中的有用信息，以重新安排并改进我们的工作。这些免费且有价值的建议有助于你在生活中获取进步。

改变生活的20个问题

过上柠檬水式生活意味着采取行动，但在此之前，审视自己的内心并进行一番自我反省是大有裨益的。这能重塑我们的观点，重新建构我们的目标。这种必要的探索有助于我们过上甜蜜的生活。

以下20个问题会使你的生活发生改变。

1.你目前的状况是什么?

找面镜子好好打量下自己，你看到了什么？你有没有看到一个什么都明白的人，一个过着你想要的生活的人，以及一个你一直想要成为的人？或者，你有没有看到一个还没有充分发挥自身潜能的人？

无论你属于哪种情况，我都希望你制订两份清单。

一份包含你认为生活中所有美好的事情——比如你的家人、一段关系或其他让你感到骄傲的事情。

另一份包含生活中扯你后腿的障碍，它可以是你的观点、你的狼群或你想要做出改变的其他东西。

拿起第一份清单,庆贺一下自己所取得的成就。要为自己的成就感到骄傲,并庆祝自己的幸福生活。我们通常只会关注生活中的艰难险阻,而不会花足够时间来庆祝生活中的精彩表现。现在就来享受这一时刻。

现在再来阅读第二份清单。你漏掉了什么吗?漏掉了也没关系,添上去即可。

当你自我反省时,你是在用一面镜子来映射自己的生活,并做出诚实的评估。当你把障碍写在纸上,会更清楚地看到它们,并能有效地表达出来。对它们做一番研究,看看哪些障碍(如果不是全部的话)可以预先清除。只有把障碍摆在面前,你才能去克服它们。

了解你现在状况如何——有哪些成就和障碍——是你向正确的前进方向迈出的第一步。

2.你隐藏了什么?

这里的隐藏不是指你在自家后院里埋了什么宝藏,而是指你放弃了自己的哪些目标、愿望,并压抑了哪些感受,是指你把事情埋在心底,不去理会它们,否则它们本应该处于你关注的中心地位。抑制了这些事情,你就限制了自己的潜力,因为没有把想法和行动联系起来。

个人成长始于写下你的目标、愿望和感受。要积极主动地与自己分享这些东西。你每天都要回顾一下自己的清单，大声朗读清单上的内容，以便倾听自己的心声。

记录、描述并分享你的目标、愿望和感受，可以让你产生行动的动力。

3.是什么在扯你的后腿?

有什么东西在阻碍你实现生活中的每一个梦想吗?

最终答案应该是没有。在你当前的状况和未来的目标之间不应存在任何障碍。当然，问自己这个问题不会让你一夜之间变成勇敢的颠覆者。你的生活中也可能存在某些无法控制的制约因素，但你可以把能控制的因素识别出来。你要识别自己在当前的生活中所找的借口：我没上过好学校，我所在的城市没有机会，我现在有家庭了，我不如别人聪明。

这些借口是梦想和行动之间的障碍。要把自己的借口识别出来，去理解它们，然后确定和实施策略去反思问题所在，重塑观点，确保自己不再寻找借口。你上过哪个学校或认为别人多么聪明都并不重要。重要的是你要能够找到解决方案，并付诸实施。

4.本周、本月和今年你将克服哪些困难?

拥有梦想和目标是一个很好的开端，但只有通过行动，你才能去实现它们。你要制订一份人生行动方案。你的行动方案应该有时间增量：本周、本月以及今年。

克服了困难，你就会赢得胜利。你不仅仅是在完成一项任务，而是在得分继而赢得生活游戏。偿还债务就是个很好的例子。每周、每月和每年，你的还债计划是什么? 你知道该偿还多少钱吗? 你知道还债的钱从何而来吗? 你可以延迟本月的还款期限，并多付一笔额外的费用吗? 最重要的是，知道你为什么会负债累累吗? 是什么不良习惯让你变成这个样子的?

当目标发生改变时，就把清单刷新一下，以便让自己赢得更多胜利。

5.你到底是个怎样的人?

你对自己了解多少?

只有真正了解了自己,你才能把自己工具箱里的工具和想要的生活联系起来。要了解和拥抱你的独特之处。不要去模仿他人,不要去做你的朋友或家人认为你应该成为的那种人。去做你自己吧——一个并不完美,却足够真实的自己。

当你真正了解自己并不再为了迎合他人去装模作样的时候,你就向无限自由和独立的世界迈出了第一步。

6.如果让你改变生活中的一件事,你会选择哪一件?

你缺少什么? 哪些是你在生活中需要却没有的? 不管它是什么——让你感觉更充实、改变你的观点、得到一个报酬更高的工作、移居到一个新的地方,或者做出更好的决定——都不仅仅是梦想。

有一个愿望清单是个不错的主意,但愿望清单是为假期和生日准备的。想要你的生活发生真正改变,你需要开辟一条通往赋权的道路。

7. 你的生活目标是什么?

研究表明,拥有生活目标能使人更加长寿,且会降低15%的死亡风险[11]。拥有使命感的人还会拥有较高的收入和净资产,而且随着时间的推移,他们更有可能改善自己的财务状况[12]。想想你的人生使命是什么。如果你没有人生使命,就来回答以下两个问题:你为什么而活? 你有什么独特的天赋与大家分享吗?

当你把自己的独特天赋结合在一起,并与他人分享时,你便可以创造出某种比你个人更伟大的东西[13]。例如,你可以在课堂上激励自己的学生,在商业或公共服务领域创造影响,服兵役,或者用爱和承诺支撑一个家庭。

要知晓你的人生目标就要从"我的人生使命是⋯⋯"开始,紧紧拥抱自己的目标并把它放在生活的中心位置,每天都要朝着它去努力。拥有人生目标不会让你完全免受动荡和压力的冲击,但它有助于你应对生活的挑战。它将赋予你生活的意义和方向,并指引你过上柠檬水式生活。相反,秉持柠檬式生活态度的人没有人生目标,他们的日常生活与重要的使命无关。结果,他们没有人生策略或根基,碌碌无为地虚度此生。

8.如果你想要生活取得成就,你会做什么?

你人生的重要目标是什么? 要想象你可以做任何事情。没有障碍,也不要寻找借口,这是你的激情和梦想。你可以去创建一家公司,可以去做一个首席执行官,甚至可以去参加纽约马拉松赛跑。这已不再是"我想去做"或"我希望去做"的事情了,而是"我愿意去做"的事情。当我们对事物抱有希望的时候,我们的疑虑之心还在理想和现实之间摇摆不定。当我们锁定目标时,我们就清除了前进道路上的障碍,因此更容易让目标得以实现。

9.今天、本周和本月你学会了什么?

过柠檬水式生活意味着你必须坚持不懈地学习。

每一天,你都应该坚持学习一些新东西。不是只学会一种东西就算完,而是一整天都在学习。要提出问题,并进行探索,要获取最新信息,每天结束时,要反思这一天的收获。如果日复一日、周复一周、月复一月地坚持下去,你将变得强大无比。变得强大,你就能满怀信心地做出更加明智的抉择。

10.　你从上次的错误中吸取了哪些教训?

你要期待犯错。

这种说法是有违常理的,因为我们一直在不遗余力地避免犯错。这并不是说你应该没错找错,而是说一旦错误发生了——而且发生了也没关系——要把它变成让你吸取教训的机会。回想一下你最近所犯的3个错误是什么。它们是怎么发生的? 原因是什么? 要反思这些问题的答案。要确保自己知道出错的原因,以及明白该如何避免再次犯同样的错误。

11.你上次创造影响力是什么时候?

回想一下你上次创造影响力的时候。

影响不仅仅是指结果,而且是一种强大而持久的效果。秉持柠檬式生活态度的人可以创造成就,但他们创造的成就十分有限。这类似于困在条条框框中,秉持柠檬水式生活态度的人取得的成就会产生持久的效果。你应该整体思考结果和影响这两个概念,不要只盯着成就,成就并不是终点站。产生持续影响的是随成就而来的东西和它的作用。

12.你上次改变他人的生活是什么时候?

以有意义的方式改变他人的生活是一种十分强大的感觉。

在这个过程中,你和另一个人建立了深厚的友谊,这会让你深深地感到满足。重要的是找到这些机会,因为它们会让你变得更加优秀。这种改变可以是微小的,也可以是巨大的。当你过上了柠檬水式生活的时候,要与他人分享这种生活。要教他们怎么做,并赋予他们这样做的力量。要同他们分享你的知识和激情。

13.你的价值观是什么?

拥有一套核心价值观是让你过上柠檬水式生活的关键。

想想指导你生活的原则是什么。如果难以将它们罗列出来,就想想你的父母、祖父母或你生命中至关重要的其他人曾教给你哪些价值观。如果你有孩子,就想想你希望他们接受并遵循哪些价值观。可以考虑的价值观包括诚实、同情、忠诚、真实、好奇、快乐、乐观、自尊和真实可信等。当然,还有很多其他的价值观可供考虑。审视自己的内心,以确定对你来说哪些东西是至关重要的。问问你的朋友、家人和其他你欣赏的人,他们在生活中遵循哪些价值观。

写下 3 个你希望可以定义自己的词语,要对这 3 个词语所代表的理想负责。每天早上都要读一下它们,以此来激励你过上目标明确的生活。从早到晚都要想着它们,以此来提醒你牢记自己的优势。每天晚上都要温习它们,以此来让你知道明天又是崭新的一天,你离目标又靠近了一步。你的性格不应是意外或偶然养成的。要确定你是一个怎样的人,你想要成为一个怎样的人,以及你的基本性格特征是什么。不要做任何违背这 3 个词语的事情。

14. 为你的生活带来笑声和欢乐的是什么?

你需要笑声和欢乐来滋润自己的生活。要多微笑,要放声大笑,要与亲近的人分享笑声。在生活和业务往来中结识新朋友的好方法之一就是与他人分享笑声。笑声可以让人们欢聚一堂。

15. 你怎么做才能赢?

回想一下你在生活中获胜的那一刻是怎样的。

它可以是任何事情。比如你在少年棒球联盟赛、童年钢琴独奏会中获胜,被医学院录取,以及得到大客户的订单等。现在,再来仔细回忆一下你当时的感受,回忆一下获胜的感觉。让自己进入一种成功的境地,让自己回到那一时刻,重新体验那种情绪,重新找回那一刻的心理状态。找出让你迫切想要获胜的动机,这会让你更有信心再次获胜。

反思有助于你把以往的成功带向未来。记住你获胜时做得特别好的事情:如何运作的、采取了哪些步骤,以及说了什么。把这些综合起来,应用到下一次挑战中去。你可以通过调整思路来重获之前的有关能量和成功的正面情感,以便让自己再次获胜。

16. 你能掌控自己的生活道路吗?

你是在推动生活向前发展吗? 还是在让生活拽着你前行? 你很容易会陷入困顿并让生活来决定自己的下一步行动。要做出有意识的转变。秉持柠檬水式生活态度的人们总是坐在司机的座位上，控制着自己的方向。否则，你会觉得是在他人的道路上行驶，而不是自己的。

17. 你是个实干家（勇敢的颠覆者），还是个口头派（善变的人）？

口头派谈论的是他们将要去做什么，实干家只会去做。口头派站在赛场边缘，实干家位于赛场中央。口头派只会讲故事，实干家创造故事。

18. 你的导师是谁？

要找到生活中你真正欣赏的人，要去寻求忠告，要邀请他或她加入你的狼群。这个人要能帮助你，并以回答你的问题为荣。要让导师成为你旅途中的伙伴。要学习他们的心态和观念，了解他们的价值观和驱动力因素，以此作为自己的导向，研究他们的言行举止，与他们分享你的进步，并承诺为他们提供帮助。共生性师徒关系是最佳组合，因为你们都为彼此的成功和满足感而努力奋斗。

19.你的遗产是什么?

人们会记住你什么? 你想留下什么痕迹? 你为自己和家人做了哪些有意义的事情? 你完成了所有想做的事情吗? 遗产不仅仅属于名人、公务员、慈善家和运动员。想想你想留下什么遗产,以及如何创造它。这将有助于你过上柠檬水式生活。

20.如果不是现在,那是什么时候?

你还在等待什么? 1年后、3年后、5年后和现在有什么不同?

你可以做一个满足现状的人,计划,再计划;调整,再调整;然后运行分析和测试场景。做计划是好的,但过度计划和做梦会让你患上拖延症。记住:执行才是一切。

再多的准备和计划也难以为你带来确定性。信息永远不会完整,系统可能总是存在漏洞,恰当的时机可能永远不会到来。

你可以等待良辰吉日,但良辰吉日可能不会到来。抑或它会到来,但这一天却和你想象的大不相同。你可以掷骰子继续等待。抑或你可以站起来马上采取行动。行动越迅速，你就越有时间实现目标和创造影响。

即使你还有点害怕，即使你还有些疑问，即使你还不那么确定。

现在请打开"自我意识"这个开关

如果你不了解自己，就做不好任何事情。缺乏自知之明，你最大的障碍就是你自己。

自我意识是最大的自尊生成器。弄明白你是谁，驾驭自己的生活就会变得容易得多。当了解了自己喜欢什么、厌恶什么、什么让你斗志昂扬、什么使你颓废消沉、什么让你热血沸腾，以及什么让你垂头丧气时，你就能去优化你的行为和调整情绪，整合生活的各个方面。

自我意识必须与自我同情结合起来，你不必为了自我提升而贬低自己。自我反馈和自省是完善自我和优化表现的最佳途径，但永远不要让自我意识成为自我同情的阻碍。只有爱自己，你的内心改变才会发生。

开关 5

M 代表行动

M

制作柠檬水，以改变自己的处境

不积跬步，无以至千里。

——荀子

Chapter 10

不要制订备份计划

什么是备份计划？

你有备份计划吗？

如果你的机遇发生了改变，你会怎么做？如果当前的工作没有成效，你会怎么做？如果你的新房子并非自己的梦想家园，你会怎么做？

简单地说，备份计划就是你的次选方案。如果计划A不奏效，那总要有个计划B以备使用。对各种可能性进行谋划和思考是人类的天性。计算生活中的排列组合问题不需要多么高的数学天赋。

爱找借口的人不会制订备份计划,因为他们缺乏对未来的展望和清醒的认识。如果他们不具备向前看的能力,就不太可能考虑制订备份计划。

善变的人嘲笑备份计划。他们十分确定的是,下一件大事就是下一件大事,因此没必要制订计划。对他们来说,制订备份计划是在浪费时间,因为他们只会看到有利的一面。因此,为什么要去考虑不利的一面呢?

制订备份计划是满足现状的人的行为方式:在失败时保护自己,以便给自己留条退路。满足现状的人是良好的策划者。他们一生都在制订计划,以至活成了今天这副模样。当他们一路走来,在每个"盒子"上都打上标记的时候,他们就已经让自己进入了一种因循守旧的模式。他们都计划好了,并对现状已经感到非常满足。

那么,你应该有一个备份计划吗?毕竟,这是常识[1]。

假如你想成为一个勇敢的颠覆者,那么答案是否定的。

永远不要制订备份计划。

首先,让我告诉你这并不意味着什么。不制订备份计划并不意味着懒惰或缺乏计划性,也并不意味着今天辞掉一份工作,明天在没有安全保障措施的情况下去开一家公司。不制订备份计划并不代表你不能通过购买保险或采用对冲的方式来让自己避免陷入巨额亏空和承受意想不到的打击。你应该为未来做好准备，为退休后的生活做好计划，并在子女教育方面加大投资。你应该往前多想一两步，因为事情不会也不可能总是那么顺利。你的交易可能在最后一刻告吹，你的梦想家园也可能会涨价。这不是让你持有消极的观点，而是事实，这样的事情总是会发生的。

如果你真的想要义无反顾地追求你的人生目标，那就放弃你的备份计划吧[2]。

为什么？因为有了备份计划，你将难以全情投入地去做好正在做的事情。你将难以孤注一掷地投入所需的全部时间和资源。你会事先告诉自己这只是个临时计划。你会三心二意。

想要过上柠檬水式生活，除了实施计划A外，你别无选择。计划A是你的驱动力、决心和目标之所在。实行计划A可以让你成长壮大和在这个世界上留下印记，实行计划A可以使你创造影响和触及他人生活。

计划B隐藏着忧虑、怀疑和安全隐患。制订计划B意味着满足现状。它并非你的第一选择，你很清楚这一点。制订计划B意味着妥协——牺牲你的全部潜能去做某件无法发挥你所有能量的事情。制订计划B意味着遗憾,会让你过上得过且过的生活。

当有计划A和计划B两份计划时,你已经说服自己可能会有两种结果了。只有计划A,就只会有一种可能性和一种结果。没有备份计划,就没有替代方案。

制订了备份计划,你就是有意识地选择某种自己不想要的生活。实行计划B不会让你感到幸福和自豪,不会让你从根本上感到满足。它不会像实行计划A那样,让你激情澎湃、充满渴望。

很多时候,计划B会与适应性混为一谈。生活中总是会有起起落落、失败和挫折。假如我们只用一种选择来应对生活中那么多的波折和起伏,哪里还有灵活性、适应性和变化可言呢?当事情进展不顺利时,人们需要有多种选择,不是吗?

不制订计划B并不意味着一旦计划A难以立刻奏效,你就无法适应。情况是会变化的,因此你仍可在计划A实施过程中对其他选项进行评估,并不失时机地做出判断。但将计划B作为预选方案会让事情事半功倍,因为计划A在第一次、第二次或第三次尝试时可能都不会奏效。你不必在困境面前一筹莫展、束手无策。你仍可去转换、调整和改造计划A。只保留计划A—一种方案需要你不断做出适应、测试和假设，直到找到奏效的方法，以及可扩展的业务模式。

我们很容易把专注于做一件事的人误解为"戴着眼罩"、对周围世界视而不见的人。我们很容易认为他们思想封闭、不接受多样性观点。是的，在一些特定的状况和情形下，有些人会不假思索地沿着一条没有希望的路一直走下去。但我宁愿将赌注押在这些孤注一掷的人身上，因为这种人最终会以某种方式、在某个地方让理想变成现实。

在实施计划A的过程中，你可能会"摔跤"并遭遇失败。如果计划A是你的唯一选择，你就会迫使自己咬牙坚持下去，直到获得成功。至于制订计划B，意味着你脚踏两只船——计划B是躺在温暖的被窝里、等着去餐桌旁享受美味的晚餐。

曾经对制订计划B的行为进行过研究的凯瑟琳·米尔克曼和基哈尔·信教授发现，制订计划B会降低你的成功概率，而且预备这样一个计划则会增加你需要它的概率。米尔克曼和信发现，即使考虑制订一个备份计划也会导致你减少为实现主要目标所需付出的努力[3]。

如果只制订计划A，那么你会如同一个创业公司，会不断地去假设和试验，直到找到正确的商业模式。你会反复调整和变换自己的商业模式，建立、推倒和尝试不同的经营策略。

但这些不属于计划B。它们是你的奋斗历程，以及通往你想要的柠檬水式生活的征途中必不可少的一部分。

勇敢的颠覆者们不会制订备份计划，他们有适应性计划。必要时，他们会调整计划A，但不会放弃它。

问问泰勒·佩里、西尔维斯特·史泰龙和美国海军学院（US Naval Academy）的初级军官们，你就知道为什么这样做了。他们都是全情投入的人。

我知道我变了

泰勒·佩里的生活因奥普拉的一集节目发生了改变[4]。

一个简单而又深刻的建议是：写下你对艰难生活体验的感想，因为这将有助于你实现个人突破。经历过动荡不安的童年生活的佩里正是以此为起点踏上拯救自己灵魂的旅程的。佩里在新奥尔良市长大，加上他家里一共有4个孩子。多年来，佩里一直忍受着来自父亲的身体和语言虐待。16岁时，他试图自杀[5]。

泰勒·佩里的第一部音乐剧《我知道我变了》正是在他

写给自己发泄用的信的基础上创作的。他写这些信是为了抚慰自己的灵魂。这部音乐剧描述了他的个人苦难，但同时也涉及宽恕和救赎的主题。

从事了多年毫无成就感的工作后，佩里下定决心要让《我知道我变了》这部音乐剧获得成功。他对于获得成功这件事如此专注，以至甘愿冒一切风险去开创这项事业。他花了自己一生积蓄的1.2万美元在亚特兰大租了一家剧院来安排他的首次演出。在这部剧中，主演、导演和制片人均由他一人担任。

第一个周末仅有30人到场观看演出，这对他来说是个巨大打击。

但佩里知道，演出必须继续进行下去。

他没有被困难吓倒，因为他相信这部剧的意义。为了让演出继续进行下去，他打了好几年的零工，有时就睡在自己的车里。他对作品进行了重新编排，并试图到其他城市去演出，但没有成功。

他的母亲恳求他回家乡新奥尔良市找个固定工作。他本来可以选择这个备份计划，但仍一心一意地扑在他的事业上，不想找个固定工作。他想要的是一份目标明确的工作。

最终，在该剧首次上演失败6年后，佩里在亚特兰大蓝调之家（the House of Blues）推出了另一部作品。这一次，他从教堂招募了唱诗班成员和牧师来加入制作。

首演之夜，他非常紧张，担心演出会重蹈失败的覆辙。

"就在那一刻，"佩里后来在《传记》中说道，"我很清晰地听到了上帝的声音，'什么时候结束由我说了算而不是你'。"然后佩里看了看窗外，他看到拐角处人们正排着长队等待进入剧院。"一想到此情此景，我还是会发抖。"

最终，演出获得了巨大成功。

《我知道我变了》这部音乐剧让佩里变成了一个勇敢的颠覆者，让他跻身于一流作家、导演、制片人和演员行列。佩里不仅没有放弃，而且愿意为了获得成功去全力以赴。他没有制订备份计划。无论他有没有钱、损失了多少钱，也不管他有没有赚到钱、睡在哪儿，他都勇往直前，绝不言弃。当泰勒·佩里审视自己的内心时，他发现了自己最大的天赋。当他放弃了备份计划时，他听到了自己内心的召唤。

老虎之眼

在那时，西尔维斯特·史泰龙 [6] 的银行存单上只有 106 美元。

他的妻子萨莎怀孕了，他付不起房租，他的车坏了。作为一名演员，他一直在苦苦挣扎。

他曾演过几部电影，如《卡彭》《死亡车神》《弗拉特布什的君主》，但他的事业却毫无进展。史泰龙觉得，他这辈子只能扮演暴徒或罪犯之类的反面角色了。

他想知道他能否写一部属于自己的电影故事，无论是字面上的，还是象征意义上的。他能靠写作来摆脱当前的生活困境吗？于是，他开始了电影剧本创作，并试着写了几个剧本。他想创作一些能够表现"粗犷外表下的人的灵魂"的东西。

正是在这段艰难时期，他的生活在一家电影院里发生了改变，但原因并不像你所想象的那样。

他不是在看电影，而是在观看重量级拳王穆罕默德·阿里和查克·韦波纳的一场拳击大赛。后者绰号"贝永流血者"（Bayonne bleeder），因为他来自美国新泽西州贝永市，且每场拳击比赛之后都会血流满面，需要缝上几针。这是一场有史以来最伟大的拳击手和一个根本没有任何获胜机会的当地挑战者之间的拳击比赛。

但韦波纳,这个有着30负1胜的失败纪录保持者竟然在第9回合击倒了拳王阿里,让观众目瞪口呆。这也是拳王阿里在自己的职业生涯中第三次被击倒在地。在那一刻,不被看好的一方变成了王者,就像大卫击倒了巨人歌利亚。

尽管阿里最终在第15回合以技术性击倒赢得了这场比赛,但史泰龙还是看到了一丝希望。令他着迷的是,尽管最终输掉了比赛,但韦波纳几乎与重量级冠军阿里打满了整个赛程。史泰龙亲眼所见的这场战斗让他回味无穷。

有一次在参加完一个角色的面试后,史泰龙找到制片人鲍勃·查托夫和欧文·温克勒,提到他有个剧本,或许他们会喜欢。制片人很难轻易相信任何东西,但这次他们竟出乎意料地让史泰龙那天晚些时候把剧本带过来,让他们瞧瞧。剧本取名为《陋巷风云》。他们喜欢这部作品,但不想把它拍成电影。制片人说他们正考虑拍一部拳击题材的电影。接着史泰龙说他有一个极好的故事题材,问他们假如他把它写成剧本,他们是否愿过目。他们同意了。

受到那场拳赛的启发,史泰龙用了3.5天的时间,用圆珠笔在笔记本纸上写出了电影《洛奇》的原始剧本。他把这部约80页的剧本寄了给了查托夫和温克勒, 他们表示喜欢这个剧本。经过几次修改后, 他们告诉电影制作机构联美影片公司, 想把它拍成电影。《洛奇》讲的是一个不被看好的业余拳击手洛奇·巴尔博厄的励志故事。他在与重量级拳王阿波罗·克里德打完15回合的拳击比赛后, 震惊了世界。这是个鼓舞人心的故事, 能够为所有观众——甚至包括爱找借口的人——带来希望和动力。

好莱坞电影中, 幸福快乐的生活通常都是这样开始的。但在现实生活中, 你必须让动力、动机和对于成功坚定不移的承诺驱使你跨越终点线。这正是勇敢的颠覆者们不同于一般人的地方。

在此, 正是拒绝让步, 使史泰龙成为一个勇敢的颠覆者。

史泰龙的剧本《洛奇》只为一位主演而写, 那就是他本人。他将之比作专为自己量身定做的西装。他知道自己不会再有第二个这样的机会了。联美影片公司的人喜欢这个剧本, 喜欢这个故事。但他们想请一个大牌明星来做男主角。你能怪他们吗? 眼前放着一个珍贵的剧本, 他们自然想找个大明星来主演这部电影。也许会找罗伯特·雷德福、伯特·雷诺兹、瑞安·奥尼尔或詹姆斯·卡安。史泰龙其时还不怎么出名, 难以像其他演员那样为他们创造票房收入。

经过反复协商,联美影片公司最终同意考虑让史泰龙来做主演。在电影批准拍摄之前,纽约的联美影片公司高管们特地放映了《弗拉特布什的君主》,以欣赏史泰龙的演技。他们不知道史泰龙长什么样。放映结束后,其中一位高管阿瑟·克里姆告诉另一位高管埃里克·普列斯科夫说,他喜欢这部电影,却不明白那位意大利男演员为什么是金发。普列斯科夫回答道,意大利人也是可以长金发的。高管们误认为《弗拉特布什的君主》中的另一位男演员、金发碧眼的佩里·金就是史泰龙。他们对自己所看到的金很有信心,于是为由史泰龙主演的电影《洛奇》开了绿灯。

当后来得知他们错把金当成了史泰龙,而后者将扮演洛奇时,他们便取消了拍摄计划。接着联美影片公司为史泰龙安排了一个新角色,但有一个条件:放弃主演《洛奇》。

也就是说,一家好莱坞电影公司想花钱买下史泰龙的剧本,而他本人被淘汰出局了。史泰龙的确急需钱用。对多数人来说,这是个想都不用想的问题。卖掉剧本,得一笔意外之财,然后将这笔钱拿来生活。假如他是个满足现状的人或善变的人,那早就去这么做了。

史泰龙说"不"。他拒绝出售剧本,除非让他演洛奇。

不管价码增加到多少——据说,在某一时刻出价曾一度飙升到30多万美元——史泰龙仍不肯让步。

为什么？因为他甘愿冒一切风险，为事业付出一切代价。他没有备份计划，没有接受其他角色，不想去寻求其他重大突破。这一张就是他的入场券。

史泰龙最终让制片人相信，他才是饰演洛奇的合适人选。随后，查托夫和温克勒将拍摄成本降至100万美元以下，最终取代联美影片公司，批准史泰龙来担任主演。

史泰龙善于坚守自己的立场。他非常信任自己的计划和角色。在这个故事中，他愿意把金钱放在次要位置，即使在他最需要它的时候。

《洛奇》获得了1977年奥斯卡最佳影片奖。史泰龙和其他演员也都获得了奥斯卡提名。这部电影还获得了最佳导演奖和最佳剪辑奖。

"我是绝对不会把它卖掉的，"史泰龙后来接受《纽约时报》采访时说，"如果把它卖掉，那我会恨死自己的……我妻子也同意我的决定，她说如果需要，她愿意搬到沼泽地中间的拖车上去居住。"

像史泰龙这样勇敢的颠覆者会为事业全力以赴。为了达到目标，你必须乐于付出一切。你所追求的目标绝对值得你付出自己全部的关注和努力。

问问美国海军学院的新生们就知道了！

最后一次攀登

每年春天，美国海军学院的新生们在成功完成第一年的学习之前，都必须做最后一次攀登。

这项"新生告别仪式"的任务是：用一顶学长帽来替换掉放在被称为赫恩登纪念碑（Herndon Monument）[7]的花岗岩方尖碑顶端上的一个"纸杯"帽[8]。赫恩登纪念碑系为致敬威廉·刘易斯·赫恩登司令官而建。这位司令官曾任"中美"号淘金船总指挥，在一场连续三天的飓风中，为拯救这艘船、船上的水手和乘客，他英勇无畏地与恶劣天气做斗争，最终壮烈牺牲。这座纪念碑就是为了纪念赫恩登的勇气、纪律性和团队合作精神而建的。

在一些人看来，这项任务似乎很简单。但现场没有梯子和台阶可以攀登，附近也没有树木可以攀爬。因此这项任务会让人感到有些茫然和无从下手。方尖碑上满是植物油，新生们不能穿鞋。而且，学员们还一个劲儿地往新生们的身体和纪念碑上喷水，让一切都变得又湿又滑。

他们没有任何备份计划。他们必须振奋精神，想方设法地努力攀上碑顶。

但现场实际情况比看上去更有秩序。这里不存在个体——只有一个团队。这是他们最大的挑战，他们别无选择，只能迎难而上。他们不停地向上攀爬，又不断地往下滑落，就这样努力地攀向碑顶。他们可以改变策略、转变方式和另寻出路。但这是他们与纪念碑之间的较量，是他们的使命所在，他们必须全力以赴。

通常来说，获胜策略包括人体叠罗汉及用衬衫擦去碑体上的油。一旦人体叠罗汉叠到一定高度，就可以让一名队员碰到纸杯。此外还有个关于准确性的问题，你必须让帽子完美地落在纪念碑顶端。一旦搞定，任务就完成了。每一次征服赫恩登纪念碑后，随着人体叠罗汉的轰然倒塌，新生们爆发出一阵欢呼声，以示庆贺。据说，第一个到达碑顶并成功替换帽子的新生将会成为班里首个获得海军上将军衔的人。

攀登赫恩登纪念碑是对团队合作精神的终极考验。这是为了实现一个共同目标而进行的集体努力，你需要依赖左右上下的人来为你提供帮助。你必须找到一种方法。

制订备份计划意味着你已经说服自己，放弃没有什么大

不了的。没有备份计划意味着你必须义不容辞地去实现自己
的目标,必须做到全力以赴。不制订备份计划可以让你心无
旁骛地朝着自己的目标奋勇前进。

如何在5分钟内确定自己的目标

"目标设定"并不是个新名词,我们都曾听说过要拥有自
己的目标。问题是太多人会止步于此。他们的目标更像是一
个昙花一现的梦境。抑或他们拥有自己的目标,却不知该如
何去实现它们;抑或他们拥有自己的目标,并知道该如何去实
现它们,却什么都不会去做;抑或他们拥有自己的目标,但朝
着这一目标前进几步后就放弃了。

让我们来改变这种状况。

目标设定意味着你按照富有远见的步骤,让自己迈向积
极的未来。就目标设定而言,你的目标需要具备以下特征:
S–N–A–P。它们分别表示:S代表的是具体,N代表的是坚定
不移,A代表的是可操作,P代表的是有目的性。

具体。目标要具体,要尽可能包括更多的细节。模糊不

清的目标难以实现，难以可视化。例如，不要说你想找份新工作，而要说你将从周一开始每周申请10个职位，并持续2个月。

坚定不移。你必须拥有自己的目标，并负责去实现它们。要把你的目标写下来，让它们更真实。你每天都应该读一读，以使自己不至于遗忘。实现这些目标的责任始终在你身上。

可操作。实现目标需要采取行动。为了实现目标，你需要制订一个明确的行动方案。只有一个最终目标是不够的，你需要创建一个进度图，供你在整个行动过程中参考。要跟踪自己的行动进展，并收集反馈信息。一种策略是：试着将你的目标分解成多个组成部分。与其一次性完成一个大的目标，不如从小处着手，步步为营，通过完成多个小的任务来逐步实现更大的目标。例如，如果你的目标是建造一栋新房子，那就集中力量一次盖完一个房间。小的进步能激发你的前进动力。

有目的性。你的目标必须具备基本的目的性。仅仅想要某种东西是不够的，你必须把这种渴望同对自己来说至关重要的东西联系起来。当将目标同目的联系起来时，你的目标就不仅仅是一项成就了，它所包含的新的特别的意义就能够推动你去赢得胜利。

现在,就让我们以上述特征为基础,看看该如何通过10个简单步骤,在5分钟内完成你的目标设定。

● 1.写出你想要在生活中实现的5个目标

可以是任何目标,大的或小的。目标不怕大,不要把目标界定得太狭隘。别担心别人会怎么说或怎么想,这是你个人的事情。

仔细看看这些目标,这可能是你第一次写出来。

● 2.大声念出你的目标

一个一个地大声念出来。念的时候不要害羞,要有目的性地念。

● 3.用"我要"句式改写每一个目标

仅仅写出"攀登乞力马扎罗山"是不够的,你必须拥有这些目标,它们不能是模糊的或让人难以理解的。要用以下格式来改写它们:"我要去攀登乞力马扎罗山。"

也许你还不习惯以这种方式来表述自己的目标, 因为这乍听起来会让你觉得傻傻的, 或感觉很不自在。

● 4.想想你为什么要实现这个目标

要专注于一个对你来说最重要的目标。"目标是什么"只是练习的一部分。对于你的自我理解来说, 更重要的是它背后的"为什么"。

写出你想要实现这个目标的原因。我想请你选出在生活中想要实现的5个目标。你可以选择任何东西, 说说你选择它的原因。它对你来说意味着什么? 为什么它在你的生活中如此重要?

具体地理解你选择某个目标并为之努力的原因会让你把结果和目的联系起来。目标不仅仅指结果, 而是指结果(目标所带来的结果)和目的(我们为什么需要这个目标)之间的联系。把这两个方面联系起来会让你的目标变得更具体和更有意义。要提醒自己为什么要去做这件事情。

● 5.从目标出发,回溯你的当前状况[9]

从当前位置到我们想要去的地方的道路可能看上去迷雾重重,逆向思考能为你提供清晰的思路。这不是让你从当前位置出发,而是让你从想要到达的地方出发。苹果公司和亚马逊公司当初在着手研发新产品时就采用过相同的策略。他们不是从技术入手,而是从客户体验开始,然后回溯到技术[10]。他们是从他们想要实现的目标出发,然后实施逆向工程[11]。

想象一下,你正站在乞力马扎罗山顶峰,闭上眼睛,呼吸着新鲜空气,任微风吹拂。想象你所处的高度。你会看到什么?你会听到什么?

现在问问自己:你是怎么上来的?你做了些什么?

开始回溯。你用了多长时间到达那儿的?和谁一起攀登的?是怎么到达那儿的?

进一步回溯。你是怎么抽出时间的?什么时候出发的?旅行花了多少钱?

再进一步。准备工作是怎么做的?你接受过哪些培训?

要一直回溯到你写下目标的那一刻为止。

● 6.想想生活中你实现某个目标时的情况是怎样的

它可以是你生活中的任何目标。比如儿时学骑自行车、高中时学习西班牙语,或者去年跑马拉松。你是怎么做到的?是通过不断的练习吗?是通过磨炼自己的意志和下定决心吗?无论当时你是怎么做的,都要把它们写下来。然后写下你完成目标的感受是什么。

现在,请大声读出这些答案:你的目标、策略和感受。

你将会利用产生此前结果的思维过程来实现当前的目标。

● 7.从当前状况出发,继续跟踪你的目标

既然已经完成回溯这一步骤,现在你可以回到自己的目标上了。这就像擀面杖在面团上来回滚动那样:为了把最终产品打造成型,向后擀了之后,还必须向前擀动。

这种沿着向前的轨迹向后追溯的物理运动将驱使你采取行动。它还将有助于弥补你在前进过程中遗漏的部分并改善你的行动计划。

当一条清晰的行动轨迹呈现在面前的纸上时，你的目标会变得更容易实现。因为你已经把各个点连接起来了。

● 8.要再具体一点

缺乏针对性的目标难以实现，因为它们缺乏具体性。要完善自己的行动方案，要把时间表添加到具体的行动方案中去。这一策略会让你从今天迈向明天，再迈向下一天。没有控制指标，你的目标将会成为无根的浮萍，漂浮不定。

具体并不意味着"我要在明年6月底前订一张机票"。

你的行动计划应该是这样的："最晚在6月5日，我将预订一张从这个城市到那个城市的机票。因为我已经研究过航班线路，所以知道中途会在这个城市停留，而且机票价格不会超过这个金额。"

你的计划越详细，目标就会越真实。能够说出城市名称和金额数目，你的目标就会显得更加具体。你就能感受到飞行时的情景，就能够尽情地想象该如何享受这次旅行。

● 9.从第一步开始做起

第一步不应该迈得过大。问问自己:为了实现目标,我当前可以采取的最简单和最切实可行的步骤是什么?

它可以很简单,例如打印一张地图,把它贴在墙上,并用笔绕着乞力马扎罗山画个圈儿。然后,由此画一条线到你的家乡。当你看到飞行路线的时候,你的旅程就变得触手可及了。

● 10.迈出下一步

一旦迈出第一步,你就跨越了许多人无法跨越的障碍。一旦迈出第一步,实施你的下一步行动计划就变得容易多了。执行这个程序时,问问自己:我的目标是有时限的,还是没有时限的? 有时限的目标一定要在某个日期之前完成。不设时限的目标则不存在最后期限,你可以在任何时候实现它们。这两者听起来似乎相互对立,但都是你所需要的。

你需要有时限的目标来为自己的成就设定最后期限。设定最后期限会为你带来明确性和纪律性,会使目标更具体化。同时你还需要有不设时限的目标,它可以在任何时候完成。

然而，假如你把不设时限的目标设定得过于遥远，它们就会变得虚无缥缈、无迹可寻。

要坚持按照自己的节奏前进。既然你已经全面和彻底地了解了自己的目标是什么，那么实现它的重任就落在了一个人身上。那个人就是：你。

Chapter 11

忽视最短距离

有时你十分渴望成功，愿意为之付出一切代价，但不知该如何去实现它。你知道自己天赋颇高，却找不到理想的机会究竟在哪儿。

25 岁了，你仍在找工作。

30 岁了，你仍没获得晋升。

35 岁了，你仍没找到合适的职业。

40 岁了，你仍没能成为合伙人。

50 岁了，你仍没能创建自己的公司。

60岁了，你感觉自己又在重新开始。

70岁了，你仍没攒够自己所需要的养老金。

不设时限的目标已经取代了曾经的有时限的目标，而你已经开始担心能否找到一个真正属于自己的机会。

当你开始质疑一切时，爱找借口的人会告诉你：事情总是比表面看起来困难得多。善变的人会提醒你去走捷径——捷径无处不在。接着，满足现状的人会悄悄地把希腊数学家欧几里得[1]的经典原理讲给你听："两点之间线段最短。"别把问题复杂化，越简单越好，这样你就会到达目的地。

可是，万一你所走的路径不是直线呢？

万一你要走的路比别人的长呢？

万一事情对你来说没那么简单呢？

万一很久以前事情容易一些，而现在变得更有挑战性了呢？

你的人生道路、你的事业，以及你的生活轨迹并不总是像你所希望的那样。你总是会经历迂回曲折、跌宕起伏，以及推倒重来和停滞不前。

而这没什么大不了的。

以下是秉持柠檬式生活态度的人不愿承认的秘密：

根本就没什么最短路径可走，它压根儿就不存在。你可以继续找下去，但你永远找不到它。如果有最短路径可走的话，那么人人都会趋之若鹜，生活就会是另外的样子了。

你年龄多大并不重要。你可能觉得自己已经跨越了所有重要的生日边界线，但永远不算晚。你随时都可以制作柠檬水。

那么，如果你的征程不是一条直线，那你该怎么做呢？

如果你正处于这样一种情况，那么你已经与亿万富翁、名人、企业家，以及普通的勇敢的颠覆者为伍了，这些人都找到了适合他们自己的最短距离。

只要你接受以下七件事情，就照样能做到：

1. 牢记柠檬水经济学艺术。

2. 找到自己的秘方永不为迟。

3. 凯文·哈特为何卖掉阿瑞纳斯（Arenas）。

4. 长大后你真正想做什么。

5. 吸管的演变过程。

6. 总是带着指南针走路。

7. 你和肯尼迪、戴高乐的共同点。

牢记柠檬水经济学艺术

什么是柠檬水经济学艺术？

换个说法是：我们将要拆掉你的柠檬水摊。

童年时代，若想趁暑假赚点钱，你可以去摆一个柠檬水摊——这是一个简单而又便捷的计划。因为在炎炎夏日，几乎人人都喜欢来一瓶冰柠檬水。

一个成功的柠檬水摊的秘诀是什么呢？它至少包括4个方面：

· 房地产：找对街角。

· 营销：要有个不错的招牌。

· 产品：制作出可口的柠檬水。

· 客户服务：服务时要面带微笑。

如果你能做好这四件事，就会有一个成功的柠檬水摊。你就会赚到钱、觉得有成就感，并给他人带来快乐。这很容易做到。以下是你从童年时代的柠檬水摊上可学知识的再

分解:

　　·金钱:高利润率。

　　·成就:自豪感。

　　·创业精神:有所建树。

　　·快乐:把快乐带给别人。

　　让我们回到当前,现在你们已经长大成人。你可能对于童年时代的柠檬水还有着某种美好的回忆,并打算再去摆一个柠檬水摊。如果你只是遵循从前那4个传统步骤——街角、招牌、产品和微笑的话,那你的柠檬水摊很可能难以成功。

　　原因是多方面的,但最主要的一点是,你已经不再是一个孩子了。街角不能满足要求不说,经营场所也不再是免费的了。用硬纸板做招牌的时代一去不复返了,而且顾客们期望的是新鲜出炉的饼干和鲜榨的柠檬水。在人行道上蹦蹦跳跳似乎已经难以将顾客吸引过来了。

　　正如你所见,事情已经不再是遵循这4个步骤那么简单了。时代发生了改变,而你也已经不再是从前的你了。柠檬水摊位就好比你的生活,童年时代那些有意义的事情在今天可能不会引起共鸣,所以你必须更具创新性和创造性才行。你可能需要去适应新的模式,在适应的过程中,发生的改变会让你感到不舒服。那么你该如何保持连续性呢? 你有一套固定不变的价值观,如果它的基础十分牢固,那就不易被改变。健全的结构和体系不仅能够承受变化,而且能够适应变化并发展壮大。建造房屋时,你需要打一个能够经受各种天气考验的地基——这一点同样适用于你的信念体系和价值观。你的基础必须足够牢固,以便适应生活中的变化。这里指整个人生——而不只是指稳定、快乐和成功的那部分。

无论你选择什么样的人生道路,都请写下5到10个你想用来支配自己生活的价值观。你越早承诺这么做越有利。要把它们放在一个显眼的地方,以便你参考,直到记住它们。这些价值观将陪伴你经历成功、失败和艰难困苦。没有基础或行动方案,你很容易会被混乱压垮。然而,当你拥有一系列的价值观和原则可供遵循时,世界将变得更有秩序。就好像你拥有了一艘救生艇,随时准备把你安全地送上岸。

你的价值观能让你更有条理地适应变化。这就是为什么当你需要做出改变的时候,可以参考这些在相对较为平静的时期写下的价值观。环境会发生改变,但价值观不会。

拥有价值观后,调整行动方案就变得容易多了。对于该何时做出改变,不存在一个"最佳"时刻。生活中会有阻碍,时间会稍纵即逝,时机似乎还不够成熟。勇敢的颠覆者和其他人之间最重要的区别在于,他们启动了改变的开关。

找到自己的秘方永不为迟

来认识一下哈兰·桑德斯 [2]。

在找到自己的人生使命之前,他曾做过许多工作,包括电车公司售票员、铁路公司消防员、保险公司推销员、汽船渡轮操作员、照明器具制造商、律师,以及轮胎推销员。

后来,他成为一名厨师,在肯塔基州经营了一家汽车旅馆和餐馆,为顾客提供鸡肉、乡村火腿和牛排。50岁时,哈兰最终发明了在压力油炸锅中炸鸡的新方法。这比在煎锅里炸鸡要快得多。

不幸的是,随着他餐厅门前的高速公路交叉口被重新安置,哈兰发现他的生意变得冷淡了。后来,一条新的州际高速公路让他的餐厅位置彻底被边缘化了。

由于担心会发生最坏的情况,他变卖了自己的企业,不得不靠他剩余的积蓄和每月105美元的社会保险金继续生活下去。

然而在失败面前,哈兰想出了一个计划。既然客户不能来找他买炸鸡,那他为何不能把炸鸡送到他们家里去呢?

于是,哈兰带上高压锅和几袋调料上路了。他走遍全国各地，串访一家又一家餐馆，一边炸鸡，一边尝试与每家餐厅经营者商谈特许经营权，其间他经常睡在自己的汽车后座上。直到62岁时，哈兰才首次把他的秘方授权给了犹他州盐湖城一个名叫皮特·哈曼的餐厅经营者。

在接下来的12年里，哈兰建立了一个以他那著名的炸鸡来命名的餐饮帝国——肯德基。公司在最终被售出之前，拥有600多家分店。

哈兰的创业之路绝非一帆风顺。然而，他是一个勇敢的颠覆者，踏上了自己最短的路途，找到了自己的职业，成为一名厨师和企业家，创立了世界上伟大的快速服务概念餐厅之一。

哈兰的创业故事并不是个例。在任何年龄阶段，你都可以让自己成为一个勇敢的颠覆者。下面这些先驱者都是在40岁以后才大器晚成的[3]。

全世界颇具才华的设计师之一王薇薇直到40岁才设计出她的第一件连衣裙。

塞缪尔·L.杰克逊拍摄过120多部电影，但直到43岁时才有了重大突破[4]。

罗德尼·丹杰菲尔德是有史以来颇具幽默感的喜剧演员之一，但直到他46岁时出现在《埃德·沙利文秀》节目中后，才获得广泛认可。

朱莉娅·蔡尔德50岁时才写出了她的第一本食谱。

查尔斯·达尔文50岁时才出版了《物种起源》[5]。

贝蒂·怀特直到51岁时上了《玛丽·泰勒·摩尔秀》节目后，事业才取得了重大进展。

追求即时满足的文化给我们带来了巨大压力。我们认为，如果没被"合适的"大学录取，我们就偏离了轨道；我们认为，如果没得到那份理想的实习工作，我们的职业前景就将黯淡无光；我们认为，如果进不了顶级的法学院学习，我们的律师生涯就将一败涂地；我们认为，如果第一份工作不是我们的梦想工作，我们就会低人一等；我们认为，如果30岁之前还没功成名就，我们就无药可救了。

我们假想有份生活清单，上面规定我们必须在哪个年纪取得哪些成就。因此我们制造了一种虚假的紧迫感，认为自己必须马上把一切搞定。如果不能，我们就会认为自己一事无成。

但生活并不是匀速前进的，人们行动的步调也不是协调一致的。你按照自己的步伐和时间有节奏地生活，你的父母、朋友、同学和邻居也都有着他们自己的生活节奏。有些人生活在因循守旧的生活模式中，有些人走走停停，还有些人在绕圈子、迷失在森林中、被狗熊追着跑、大声呼救、获救后再次迷路、车子抛锚了，然后重新上路。这支舞蹈的美妙之处在于每个人都能跳完。舞蹈不一定非要优雅或尽善尽美。这不是抢椅子游戏，座位有限。想要完成这支舞蹈，那就努力学会舞步，并按照自己的节奏来跳完它。只要你还在动，不管需要多久，不管是否学会了正确的舞步，都没什么关系。

然而，在旅程中投入更长时间来发现自我，和提前发现自我而不踏上旅程去证明自己究竟是谁，是截然不同的。回顾下职业生涯中的工作日，你就知道这是为什么了。

在幼儿园，职业体验日十分简单。你可以扮演任何自己想要的角色：宇航员、警官、消防员、医生和棒球运动员等。不管你想要从事什么职业，你只需说"当我长大了，我要成为一名……"就行了。事情就是这么简单，根本不用犹豫和怀疑。对很多人来说，这无疑是他们对自己的职业生涯发表的最直接、最自信和最任性的宣言。

上大学时，有个朋友告诉我，他要去上法学院，但不想当律师。事情是这样的：

"首先，我要上法学院成为一名律师，但我不想当律师。

"其次，我要去一家大型律师事务所工作，在那里，我可以学到有关兼并和收购方面的知识，但我不想当企业律师。

"之后，我可以去投资银行工作，这样我可以做一名投资银行家，去从事大型兼并和收购业务，但我不想当投资银行家。

"如果在银行业表现出色，我就可能被一家大型私募机构聘用。然后，我可以直接投资公司，而不是为它们提供咨询，但我不想去私募机构工作。

"如果在私人股权业表现出色，我就可能会被一家对冲基金公司聘用。我可以投资公共市场，赚很多钱。最后，我终于找到了我的梦想工作。"

什么？

在商学院，一位朋友告诉我，她将去做一名顾问。她是这么说的：

"首先，我要去一家大型咨询公司工作，在那里，我可以学到策略方面的知识，但我不想当顾问。

"其次，我可以去一家消费品公司工作，以便成为一名品牌经理人。再次，我可以去一家大型国际品牌公司工作，但我不想做品牌经理人。

"如果在消费品公司表现出色，我就可以到一家创业公司工作，然后我可以开发一种新产品，但我不想在别人的创业公司工作。

"我真正想要的是创办一家自己的公司，而且已经打定了主意。"

她在等待什么呢？你还在等待什么呢？既然已经知道你想要什么，就应该马上去抓住这份工作机会。你不必更换3种不同的职业后，才最终得到你想要的。

你的目的地可能比你想象的要近得多。

为什么凯文·哈特的演出座无虚席

在某个时刻，你可能会获得一些灵感。

你可能想去了解某个设计的理念。你辗转反侧、彻夜难眠。你可能会狂热地工作，以便产生一些灵感，从而创造些什么东西。你猜怎么着？第二天，你会发现自己一无所获。第三天，依旧什么都没有发生。明白我的意思了吗？灵感并不总是能让你在一夜之间开发出某种价值数十亿美元的产品。你可能需要经过数天、数周、数月，甚至数年的艰苦努力，不断测试和改进，才能得到你想要的结果。不是所有事情都能一蹴而就。有时你会停滞不前，感到一筹莫展、无路可走。

很多人喜欢阅读一些鼓舞人心的内容,无论是励志名言,还是一本好书,都能让他们充满激情,准备好去征服世界。

然后,他们却什么都没去做。

然后,他们看了一段小视频,又兴奋起来。

然后,他们又什么都没去做。

他们总是重复同样的坏习惯。他们总是在原地转动车轮,却从不向前行驶半步。

今天,这一切就该结束了。这本书就是你的人生规划和行动纲领。要重新掌控自己的生活,而不是装模作样地认为你的生活有多美好、你的工作有多棒,以及你每天感觉有多美妙。

去做点什么吧。除了你自己,没人能代替你去做。

诀窍在于保持自己的积极性和灵感,尤其是在你没有跃跃欲试和热血沸腾的感觉的时刻。去找回那些最初的火花、激情和兴奋感,让它们陪伴你走向高峰或跌落低谷,直到你实现自己的目标为止。

善变的人无法保持他们的干劲。他们总想速成,却不想为此付出艰苦的努力。一旦中大奖的希望落空,他们奋斗的火花就会熄灭,他们需要的是即时满足。但当实际工作开始后,假如没人愿意为他们的创意投资,假如新的潜在客户不接听他们的销售电话,假如他们不得不一遍又一遍地推销自己的业务的时候,他们就会溜之大吉。

按需经济减少了等待时间,只需一个按钮即可搞定。你可以随时预订所需要的东西,在此过程中,我们已经习惯于得到即时的满足。无论是食物、电影、电视、衣服、交通,还是干洗服务,都只需要点击一下即可实现。如果得不到即时满足,就说明客户服务很糟糕。假如无法在人际关系中找到即时意义,就说明它毫无作用。如果在第一天工作中得不到大家的喜欢,就说明你该换工作了。

你的旅程并非为了寻求即时满足。征途漫漫而艰辛自有它的原因。第一天无法决定生活的输赢,上帝创造天地还花了一周时间呢,你会做得比这更快吗?如果缺乏足够的耐心和毅力去经历迂回曲折,抵达你生命旅程的里程碑,你就会错失旅程的重要意义。你的旅程不仅仅是个终点,或者是为了获得最终被肯定的感觉。它是你成长和成熟的体现,是你目标的不断完善,以及计划的改变。

不要担心多久才能到达目的地,努力工作才是最重要的。你可以打开所有的开关,可以以良好的态度去尝试做正确的事情。然而,如果你不每天努力地制作柠檬水,那将永远无法成为自己渴望成为的那种人。

还有一件事:无论现在,还是将来,你所遇到的问题都不会奇迹般消失，或者自行得到解决。不要期望它们会自动消失。如果你不去解决它们，那问题就会一直存在，日复一日，甚至会变得更加难以解决。不作为是要付出代价的，它绝不是免费的。不要对你的账单熟视无睹，总希望收支平衡。不要没完没了地抱怨自己消极的工作环境，并期望公司文化会发生改变。你应该采取行动，去解决这些问题，去改正错误、改变自己的处境。你还在等什么呢？你不需要任何人的许可或签字同意，你不是三年级小学生。这是属于你自己的生活。

凯文·哈特的全球巡演座无虚席，并不是因为他某一天突然变得有趣。奥普拉并不是偶然变成亿万富翁企业家和人见人爱的媒体巨星的。道恩·强森并不是突然之间就变成有史以来伟大的电影明星之一的。魔术师约翰逊并非天生就是历史上伟大的控球后卫。杰夫·贝索斯并非因为想出了一个厉害的点子就改变了零售业世界的格局。他们中的每一个人都是经过艰苦卓绝的奋斗，才最终取得今天这番成就的。

没有什么东西是可以不劳而获的。是的，你可能会很走运，但运气不是策略。你必须比任何人更渴望得到它，你必须经过艰苦奋斗，才会得到自己想要的。人们很容易忘记史蒂夫·乔布斯在自己的车库里工作、杰夫·贝索斯曾用门板当桌子来办公，以及泰勒·佩里曾睡在自己的车里。他们都取得了成功,所以人们很容易会忘记他们走过多么漫长的路。他们都是经过长期的艰苦奋斗,才最终取得了今天的成就。

因此,你可以去计划、运筹、定位、辩论、分析和思考。但当一天结束的时候,唯一重要的是:你是否制作了柠檬水。你必须去执行。你的产出是什么?这才是世人能够看到的东西。你的内心深处还有其他重要的东西,比如你的努力、价值观和职业道德。对你来说,这些东西不仅重要,而且可以为你提供内部反馈,但别人看到的是你的影响,不要把这两者混为一谈。当你努力提高自己的时候,你的奋斗旅程至关重要,它可以让你在人生历程中变得更加优秀。当你努力去创建一家企业或发展自己的事业时,至关重要的是你生产出了哪些产品。人们评价你的标准是你的产品和影响。

那么,你该怎么做呢?

向后退多少步并不重要,重要的是你前进了多少步。问问自己:我是在向前进,还是停滞不前?这是你做的第一个选择。如果你在边缘停滞不前,就会被淘汰出局。你的败局已定。如果你还在前进,就离目的地更近了一步。你可能会走错方向,或者需要加快速度。你可以适时做出调整,变换优先顺序和行动策略。但假如你第一天没找到理想工作,也不要对自己过于苛刻,以免让自己陷入即时满足的陷阱。

太多人在到达目的地之前就缴械投降了，或者他们只是在看台上大喊大叫，并没有到球场上去参加比赛。第一步是上场参加比赛，赛场才是采取行动的地方。一旦加入游戏，你就能看到更多的机会。

假如看不到百分之百的收益，许多人就会自暴自弃。他们希望在第一周或第一个月就能搞定一切，当事情发展不顺时，他们就认为自己失败了，想放弃。孤注一掷是好的，但不要落入善变者的陷阱。没有人会因你追求小一些的成功或平平常常的胜利去指责你。

每朝着目标前进一步，你就比任何一个爱找借口的人距离自己的荣耀更近了一步。

满足现状的人陷入了一种思维定式，他们认为如果从法学院毕业后没被最好的律师事务所聘用，或者10年后没能成为合伙人，他们就失败了。

他们搞错了。并不是你取得的巨大成就定义你是一个什么样的人。

100天之内每天获得1%的胜利与1天之内获得100%的胜利，结果是一样的。

即使他人看不懂你的人生道路是什么，你也要按照自己的方式前进。

长大后你真正想做什么

面试以一种谦逊的方式开始，接着，面试官提出了一系列问题：

"多少个高尔夫球能装满一架747飞机？"

"美国共有多少个停车标志？"

"你能把这支笔卖给我吗？"

然后，面试官话风一转抛出了以下问题：

"你长大后真正想做什么？"

如果你曾经听过这句话，就不会感到意外。

"那么，弗兰克，谢谢你来应聘。我看了你的简历，但是，哇，你做过好多份工作，而且都是些不错的公司，但你在10年中换了3份工作，是吗？一份是市场营销，一份是销售，还有一份是运营。那么，你长大后想做什么呢？"

从纽约到伦敦，再到悉尼，在面试过程中，这个问题不断地被问到。招聘人员或经理通常用这个问题来提问那些曾换过数种不同的工作或行业的应聘者，对他们做某种试探。提问者通常会以居高临下的语气来提问，同时还会伴随着笑声或假笑。

这是在暗示你从这个工作跳到那个工作,缺乏明确的目标。还有个潜在的假设是:你决定不在同一家公司长期工作,这会让人觉得你不太可靠或对自己的人生道路不确定。

让我们把这个问题一分为二,以便进一步探究它的荒谬之处。

"你真正想做什么……" 这个问题的前半部分暗示:迄今为止你的职业选择不够严肃。它在暗讽:从某种程度上说,你过去所做的事情都是装模作样,或者只是开玩笑(注意它的着重点是"真正")。

"……当你长大后?" 就好像你的职业选择还不够"糟糕",而现在你还不够成熟。很明显,这是指你年纪尚轻,缺乏足够的智慧独立思考,或者做出切实可行的决定。

当然了,这个问题毫无意义。提问者通常是爱找借口的人或满足现状的人。他们无法理解他人做出决策的根本原因或背景,因为这与他们自己的背道而驰。更合乎逻辑和更有用的问题应是:你为什么选择了某个特定职业,以及从中学到了哪些东西。

有一种社会倾向是根据出身把人们放进不同的盒子里,尤其是根据毕业学校和雇主。没有什么解释和说明的余地,也没有探索和尝试的空间。人们的生活都被压缩到一张A4

纸上,他们期望以此来解释人们的人生选择。对于一些人来说,这是一种查阅文凭的有效方法。问题是,这种做法忽略了真正重要的东西——生活旅程。更为重要的东西是你在寻找人生道路的过程中学到了什么,而不是你曾在哪里工作或工作了多久。

如果你在7岁时就找到了人生使命,知道自己想当一名消防员,那么做出这个决定就容易得多。如果在上大学一年级的时候就知道医学是适合自己的领域,那么你就有了实现自己梦想的明确途径。

每个人都可能曾经听父母、姐妹、兄弟、祖父母、姻亲、朋友和其他人谈起过他们为什么觉得自己应该进入某个领域或从事某份工作。

"如果你想要成为百万富翁,就必须去华尔街工作。"

"如果你想要成为亿万富翁,就必须去硅谷工作。"

"如果你很聪明,又擅长科学,就去当医生吧。"

"如果你很聪明,但不擅长科学,就去当律师吧。"

这些建议提供者只知道一件事:对他们来说有用的是什么,而不是对你来说。他们可能有自己的观点和经验,他们的皱纹和白发能够证明这一点,但他们不了解你的激情所在,以及你心里在想什么。

　　因此当有人问你 "你长大后真正想做什么？" 时，最简单的答案便是："我永远不会替你工作。" 这又让我们想起弗兰克。人们会对你的一生做出多种假设。事实是，弗兰克在那3份工作中所学到的东西远远多于他在其中任何一份工作中干10年所学到的东西。目前，弗兰克已经在市场、销售和运营部门工作过，这可以说是他的巨大财富，因为他拥有一家企业多个方面的业务经历，了解它们之间的相互联系。他知道自己喜欢什么和不喜欢什么，也不担心进入企业后找不到最适合自己的岗位。

　　有时，最短距离是最轻松的选择，同时也是一种懒惰的选择。这种选择不允许你打破常规，找到最适合自己的人生道路。不要担心花很长时间才能找到自己的人生使命。有些人在7岁或17岁时就找到了自己的人生使命。有些人是在27岁、37岁或47岁时找到的。只有遵循以下以字母E开头的五项原则，你才会弄明白其中的原因：

以字母 E 开头的五项原则

探索（Explore）	你探索的机会越多，越能创造更多机会
努力（Endeavor）	你的旅程可能不是最短距离。但只要全力以赴，你就能专注于自己独特的旅程
实验（Experiment）	通过不断的实验，找到适合你的秘方、解决方案和选择
拥抱（Embrace）	拥抱你的机会、珍惜所遇见的人和碰到的障碍，从起点走向终点
投入（Engage）	坚定不移、全力以赴地投入你所做的每一件事情中去

做好以上这五件事情，你就正式入门了。你就是在勇往直前地寻找自己的人生使命，全力以赴地投入自己的事业中去。在此过程中，每一次经历都是一个机会，让你把另一种工具装进自己的工具箱。

当工具箱里的工具多得盛不下的时候，你就会有智慧和信心去搞清楚，为什么你不能和一个问你长大后真正想要做什么的人一起共事了。答案非常简单：你一直在做这件事，而且正做这件事，那就继续做下去吧。

即使需要花费更多时间，我还是要你记住两件事：进步是需要时间的，但当时机一到，它便会迅速地发生。

吸管的演变过程[6]

在过去5000年中，传统吸管发生了两个主要变化：一个人使它变得更结实了，另一个人让它变得更柔韧了。此后许多年，吸管还发生过其他变化（包括现代化的可重复使用吸管），但以上两个变化仍是最重要的。当回顾近5000年以来的技术创新时，我们想到的是革命性的进步，它让每一代人的生活变得更加美好。然而数千年来，吸管的变化却微乎其微。

最早的吸管可以追溯到约公元前3000年，由苏美尔人制造。已知的第一根吸管可能是喝啤酒用的，发现于苏美尔人的坟墓中。它是一根金质吸管，上面饰有青金石，这是一种蓝色的宝石。

变化一：直到19世纪，吸管才发生了它的第一个主要变化。马文·切斯特·斯通在华盛顿特区的家中一边喝着薄荷朱利酒，一边放松时，注意到黑麦草吸管（当时都用这种吸管）几乎溶解在了他的饮料中。虽然杯子底部留有残留物是很正常的,但斯通不喜欢这种青草味道混合在他的波旁威士忌中。于是他用另一种纸质吸管来做实验,结果发明了一种生产马尼拉纸吸管的机器。通过在吸管壁上加一层石蜡涂层,斯通解决了吸管会溶解在饮料中的问题。1888年,现代吸管应运而生。

变化二:吸管演变的第二个里程碑于20世纪30年代发生在旧金山圣路易斯市的一家大学冷饮店的店堂里。店主的兄弟约瑟夫·B.弗里德曼看到他的小女儿朱迪思坐在柜台前,正挣扎着用一根纸质吸管喝奶昔。他想帮女儿解决这个难题。受此启发,他在纸质吸管前部里面装了一颗螺丝钉,再用牙线把纸吸管缠成螺纹状。当他把螺丝钉取下时,吸管变得富有弹性了。到了1937年,可弯曲吸管应运而生。

有着5000年历史的吸管在50年内发生了两个重要变化。两位发明家都大大提高了产品的实用价值,但斯通和弗里德曼都不是第一个发明吸管的人。相反,他们都是在现有基础上,对产品做了微小却十分有效的改进。

即使最简单的调整也可能带来最大的好处。有时你可能觉得自己走错了路,好像在原地踏步、停滞不前,在迷宫里来回兜圈子,找不到出路在哪里。在做出巨大变革前,想想吸管是如何演变的吧。演变是需要时间的,虽然有很长一段时间可能没有进展或进展甚微，但接下来就可能迎来巨大的改变。你可能已经踏上了最短路径，只是没意识到而已。你可能只需稍微调整下方向、转动下风帆或改变下节奏而已。

就像吸管的演变一样，有时候需要你具有耐心，而有时候则需要你具有韧性。你不仅要有足够的耐心来忍受前进道路上的挫折，而且在事情发展不顺利时，你还要具有足够的韧性来让自己沿着这条道路继续走下去。

当你到达目的地时——而且你一定会的——就可以尽情地享用奶昔或薄荷朱利酒了。

总是带着指南针走路

持久性和韧性对你的成功来说至关重要，但与此同时，我们人类又是具有个人习惯和惯例的动物。日复一日地从事同一种任务很容易会让我们陷入倦怠。在不知不觉中，数天、数周，甚至数月一晃而过。时间去哪儿了呢？

我们醒来、去上班、工作、回家、睡觉，如此日复一日、循环往复。生活习惯很有帮助，自动化效率更高，但你不应总是依靠自动导航仪生活。那样你会错过美妙的弯道、机会和自发性事件，而它们能使你的生活更加充实。那么你该如何打破这个循环，从而认真地审视自己的日常生活惯例，评估自己是否过上了最美好的生活呢？

我在自己的婚礼上得到了一个最好的建议：夜晚找个时间拉着新娘的手一起离开舞厅，然后回味自己的内心感受，并沉浸于那一时刻。当你离开某项活动，来到外面，然后再回头看的时候，你会获得完全不同的视角。投入行动中去很重要，但同样重要的是暂时停下、走开，并把一切都考虑进去。

在公园散步或沿着街道行走时，情况也是这样。下次散步时，要带上"指南针"。不是指现实中的指南针，而是心理上的。要注意自己的走路方式。是走得快呢，还是走得慢？你神情恍惚吗？你看脚下了吗？你和他人做过眼神交流吗？你走路有目的性吗？

指南针上的指针代表你生活的4个方向，而你可能没有充分利用它们的力量。多数人只是向前看，他们认为这是最短距离。因此他们往往盲目跟随眼前的事物。上班、回家；去健身房、回家；去商店、回家，然后上床睡觉。日复一日，循环往复。似乎前方总是采取行动的地方。

如果你走路时总是直视前方，就会错过更为广阔的景色。

除了过马路时,你多久没有左顾右盼了?你多久没向上和向后看了?只有眼观六路、耳听八方,你才会了解更多信息,才会明了朝前走是多么美妙。

与现实中的指南针不同的是,心理指南针分为4个方向:前、后、上、下。

前:前方是你要去的方向。它是你生活中一条宽阔而又空旷的道路,是空白的画布。前方有个180度的拐角,包括向左、向右和直行3个方向。它包括你的周边视觉,而不仅仅是你前方的视野。

该选择哪条道路及如何到达那里,取决于你本人。

后:后面是你曾经去过的地方。那里有你的成功和失败,也有你的优点和缺点。

如何将它们与你的旅途相联系,取决于你本人。

上:上是你所钦佩的人在你之前到达过的地方。你敬仰他们,模仿他们。他们是你的导师和教练。

该如何向他们学习及学习什么,取决于你本人。

下:下是怀疑你的人所在的地方。他们是你的反对者和怀疑者。他们不希望你前进,希望你失败。

他们在你的生活中扮演什么角色,取决于你本人。

下次走路时,要想想所有这4个方向。前方并不总是采取行动的地方。只有了解其他3个方向的相互联系时，你才会了解前方有什么。

知晓后面有什么，你会知道自己从何而来，以及是怎么走到这里的。

知晓上面有什么，你就有了效仿的对象和追求的目标。

知晓下面有什么，就会有怀疑者来让你知道自己的伟大之处。

下次走路时要记住这些，即使在机场走路也要如此。同其他地方相比，机场能教会你更多有关选择人生道路的东西。你会发现，你的旅程并不像看起来那么迂回曲折或延迟。你的征程并不像看上去那么漫长。你的人生道路并不像你曾认为的那样偏离了航向。

你和肯尼迪、戴高乐的共同点

并不是每天都会有人把你和约翰·菲茨杰拉德·肯尼迪或查尔斯·戴高乐相提并论。

或在以下例子中，与以他们的名字命名的机场相提并论。

下次当你经过纽约肯尼迪机场、巴黎戴高乐机场或你所在城市的机场时，要记住，了解你独特生活道路的秘诀就藏在机场里面。在那里，你会发现有关自己人生旅程的残酷的事实。

你还没登机，飞机就起飞了。如果你晚一些到达登机口，你乘坐的航班就可能已经起飞。在你到场之前，聚会就已经开始了。别指望人们会等你。

航班延误了。有时是因为恶劣天气，有时是因为机械故障。不是任何事情都会按时发生，有时可能是他们没准备好，有时可能是你没准备好。

航班被取消了。人们会改变主意，会取消与你的约定。机会也有有效期，现在和将来都可能会发生意想不到的事情。

去机场的路上堵车。有时是周末的缘故，有时是施工的缘故。路途中鲜有一帆风顺的时候，有些人挡了你的路，你必须想法绕过去。

你被调舱了。有时被调到紧靠通道的那排，有时被调到商务舱的最后一个座位。有时在整个长途旅行过程中，你一个人独占一排，这时候你很幸运。

你坐在中间位置。祝贺你——你们3人将共度接下来的14个小时。有时候你就是这么不幸。

你的行李放不下。 行李架太小了，你的行李箱太大，放不下。有时不管你怎么努力都放不下。

消磨时光。 有时你到得过早。你读完了所有杂志，逛遍了所有商店，尝过了每一种食物。你不会因为早到达机场和做好准备而丢分。

时间局促。 有时是因为你来迟了。你在航站楼里穿梭，却不知该往哪里走。但当你查看标志牌，准备请求帮助的时候，却发现自己已经到了那里。

安检队伍太长。 等待安检的队伍长达数英里，有时你不得不等待或想办法从其他地方进入。

安检队伍太短。 除了你，再没其他人。

飞行途中颠簸。 飞行途中遇到强气流。这时有发生。

飞行途中风平浪静。 飞行途中一帆风顺。这很正常。

饮食服务区关闭。 你来了，他们却不营业。你的期望值和他们的水平不匹配。你去对了地方，却来错了时间。

找不到饮食服务区。 你饥肠辘辘，准备饱餐一顿，但美食服务区在另一个航站楼。你来对了时间，去错了地方。

行李先行到达。 传送带启动了，上面有你的行李。有时只要你把每件事做好，愉快的事情就会发生。

行李被弄丢了。 传送带启动了，你的行李却无处可寻。

有时即使你做好了每件事情,不愉快的事情也难免会发生。

起飞可能令人兴奋。你踏上了去墨西哥度假的旅程。

起飞可能令人沮丧。度假结束后,你从墨西哥返航。

起飞可能令人烦恼。最后一刻,决定去参加为期一天的工作旅行。

起飞可能让人担忧。你和你爱的人挥手告别。

抵达可能令人兴奋。欢迎回家。家人和朋友带着气球等你归来,和你拥抱。

抵达可能令人沮丧。欢迎回家。但除了你,再看不到其他人。

抵达可能令人烦恼。你不记得把车停在哪儿了。

抵达可能让人担忧。走下飞机时,发现眼前的一切都很陌生。

有时,你在47号登机口等候,而你的航班却被转移到了1号登机口。最短距离并不总是意味着你要跑46个登机口才会到达目的地。有时,你还需要穿过一些走廊和其他航站楼才会最终到达那里。有时,45号登机口那儿会有摆渡车将你带到那里。

不知何故,尽管旅途中道路会迂回曲折,会有延误、取消,以及颠簸和行李丢失等不愉快事件发生,但人们仍然能够到达他们想去的地方。也许会比预期的晚些到达,也许旅程令人沮丧,也许这样的旅程你再也不想经历,但你最终还是到达了目的地。你可能曾被绊倒在地、失去了冷静、受到过拒绝、变得孤独无助,或者遭到过粗鲁的对待。

不管你的航班是直达,还是经过了三次中转、一趟火车、一趟公共汽车,我们最终都会找到办法到达目的地。生活也是如此。起决定作用的是你的视角以及该如何选择体验你的人生。你总会找到办法从A点到达B点。不管你曾经有过怎样的经历,你的上一次飞行都不会成为你真正的最后一次飞行。无论上次飞行多么可怕或多么迷人,你都需要准备开始更多的旅行、欣赏更多的风景、获得更多的体验,以及享受更多的冒险。其实你已经准备好了,只是没意识到而已。

现在请打开"行动"这个开关

每个人都需要找到属于自己的最短距离去实现人生目标。去找到自己的最短距离吧。它不是指满足现状的人、"社会"、你的朋友或家人告诉你的最短距离,因为那条道路很少行得通。通常来说,你会在人生道路上经历一些个人独有的迂回曲折。例如,你起步晚了,或者花了更长时间才到达目的地。勇敢的颠覆者们明白这一点,这就是为什么他们能够找到自己的最短距离。

更长的道路有时会带来突破性发现,而勇敢的颠覆者们乐于离开最短距离去从事冒险活动,以便看看他们还能做哪些事情。即使你的人生道路与他人有所不同,你仍然可以按照自己的方式到达相同的目的地。你会发现,即使晚些冲过终点线,你也可能提前到达目的地。

通往彼岸的道路往往既不笔直,也不轻松。这使得许多人不敢去尝试,于是他们过早地放弃了。

对于那些愿意投入时间和精力的人来说,请记住这一点:只有经历过一番挣扎和奋斗,你才能迎来属于自己的荣耀时刻。

乍一看，许多梦想是不真实和不可能实现的。然后当我们下定决心时，它们很快就变成了不可避免的事情。

——克里斯托弗·里夫

结 语

请选择柠檬水式生活

它将让你过上自己想要的生活

每个人都在追寻生活的幸福和意义，你不是一个人在奋斗。

爱找借口的人是如何获得幸福的呢？是的，他们是从抱怨和吹毛求疵中获得的。在他们看来，幸福是抱怨的艺术。

满足现状的人是如何获得幸福的呢？是的，他们是从简历和自以为是的安全感中获得的。在他们看来，幸福是保持外在表现的艺术。

善变的人是如何获得幸福的呢？是的，他们是从追逐最新时尚和潮流中获得的。在他们看来，幸福是追逐的艺术。

然而，勇敢的颠覆者们无须依靠外在的东西来获得幸福。在他们看来，幸福和满足感源于自己的内心。

记住——你最大的幸福就在你的内心深处。只要你把它释放出来，就能在任何时候、任何地方实现你的所有梦想。创造、进取、热情、奋斗、冒险和勇气是你追求幸福生活的驱动力。人们常说，人越老越聪明。我不希望你无所事事一直到老。我希望你现在就变得聪明起来。从今天起，明智地打开这些开关，做出这些改变。

只有打开这5个开关，你的生活才会发生改变。

这样，你会摆脱柠檬式生活，从而过上柠檬水式生活。

打开5个开关，助你开启新的生活

P = 观点

R = 风险

I = 独立

S = 自我意识

M = 行动

● 第一个开关:P代表观点

改变观点,以改变你的可能性

新思维有助于你打开转变的通道。开阔的视角将有助于你重新定义自己的世界观,重塑生活中的可能性。这一切都始于你的观点转变,而积极的心态则是你的坚实基础。

● 第二个开关:R代表风险

了解风险所带来的回报,以便做出更好的选择

清除内部障碍的新能力有助于你更好地发挥自己的优势。既然你透过风险和回报的双棱镜来看待生活,那么你对风险的理解会更加清晰。

● 第三个开关:I代表独立

消除从众心理,以获得选择的自由

越早摆脱从众心理,你就越能做出对自己来说唯一正确的决策。从众心理使你关注的重心落在他们身上,你的生活属于你自己,别再去寻求群体的安慰了。你的独立思想将使你变得更加强大和勇敢,使你不再害怕犯错或与他人的观点背道而驰。独立是你通往自由的必由之路,会让你按照自己的节奏、以自己的方式走自己的人生之路。

● 第四个开关:S代表自我意识

控制自己,以便控制自己的生活

高度的自我意识会让你更加深刻地认识到自己是怎样的人,以及想成为什么样的人。越了解自己,你越懂得该如何驾驭生活和征服世界。现在你看到了你需要看到的东西,尽管不一定是你想要看到的。你听到了你需要听到的东西,尽管不一定是你想要听到的。

● 第五个开关：M代表行动

制作柠檬水，以改变自己的处境

你可以利用已有的能力和工具来获得成功。然而，如果不去采取行动，工具就不会起作用。你的精彩时刻已经到来，只有你能够控制自己的聚光灯开关。去找到自己的道路，制作柠檬水，全力以赴地向前进吧！要一直前进，不要停留。没有人能代替你做这件事，除了你自己。

啊，你的光辉岁月到来了

想想生活中你特别珍惜的那一刻。想想生活中你感到特别平静的那一刻。那一刻，生活是何等轻松惬意，那是你的光辉岁月。每个人都曾有过这样的记忆。小时候，你就有这样的记忆吗？还是上了中小学或大学后才有？还是自从5年前才有？

父母和祖父母们喜欢追忆这样的光辉岁月。

"像你这么大的时候，我们常常……那是些辉煌的岁月。"

这类记忆会唤起你什么样的感觉？我敢打赌它们会让你感到十分快乐，会让你觉得世界一片光明。再想想你现在的生活，你会发现什么？现在是你的光辉岁月吗？这个问题不难回答，也无须从记忆中搜寻答案。你可以拥有多个阶段的光辉岁月，它们无一例外地会让你感受到生活的祥和、惬意。无论它们是什么，我都希望你把它们同你今天的生活联系起来。

光辉岁月不一定像多数人所说的那样，是短暂和遥远的记忆。

爱找借口的人会第一个说："现在时代变了。"

以某些标准来看，这是真的。你可能无法拥有小时候那样的暑假了，经济形势可能发生了改变，街坊邻居可能不是从前那些人了。

满足现状的人会接着说："我们的光辉岁月是上高中的时候。"

那时有很多空闲时间，而且不用承担真正的责任。"我打破了学校的考试及格历史纪录，从未失败过。"

善变的人插话说："我们的光辉岁月是20世纪80年代'在黑暗中闪光'的手镯投资时代。"

我们可以列出上百万个理由来说明光辉岁月已经一去不

复返了。现在的生活变得更加复杂了，人们做事的方式变得迥然不同，做事不像以前那么容易了。

想象一下，假如你问一家公司的首席执行官，他或她做生意的方式与20年前相比有何不同，你会得到这样的回答：

"现在来自国外的竞争更多了，而且他们压低了产品价格。"

"我们的技术跟不上时代发展。"

"房地产价格太高了，所以我们不得不关闭一些门店。"

"我们缺乏真正的社交媒体战略。以前我们不需要这些。"

"消费者的喜好已经发生了改变。"

你想对这位首席执行官说什么？第一，你会购买这种公司的产品和服务吗？第二，你对这位首席执行官有信心吗？第三，你会问这家公司将如何适应市场的变化。环境会发生改变，时代会发生改变，你也会发生变化。重要的是你该如何适应和回应这些变化。

不要把你的光辉岁月锁定在过去。假如你总是停留在创造历史的时代，就说明你是一个满足现状的人，每次都会被更渴望成功的人超越。你真想做一个满足现状的人，坐在门廊上，给人们讲述你过去的美好时光吗？你真想做一个爱找借口的人,一个劲儿地抱怨你的光辉岁月已经一去不复返了吗?或者,你想继续生活在当下的光辉岁月里吗?

就像要证明什么似的,你要抓住篮板上弹回的每一个球。就像大学球探在考察你一样,你要投中每一个罚球。就像参加高中时的田径队选拔赛一样,你要铆足劲儿奔跑。自满是奋斗的愚蠢对手,你要运用达人的智慧,但像个菜鸟那样去努力拼搏。把它看作你大学的第一年,而不是你的胜利之旅。

你的光辉岁月不一定非得是你出彩的那一刻。

现在你想做些什么来重塑自我?

今天你想做些什么来适应时代的变化?

明天你想做些什么来确保自己的光辉岁月延续下去?不是指那些曾经的光辉岁月,而是指崭新的光辉岁月。

你今天及明天的光辉岁月。

当你处于巅峰时

过上柠檬水式生活并非最终目的。

这只是第一步。柠檬水式生活是个持续不断的旅程,让你每天都去创造最好的自我,充分发挥自己的潜能。你的最佳版本不是像成为你最好的朋友、哥哥姐姐或最喜欢的好莱坞明星一样的人。你可以汲取别人的优点,但你的最佳版本永远是你本人。

勇敢的颠覆者们即使过上了柠檬水式生活,也不会停止攀登。对他们来说,这不是为了过上柠檬水式生活——而是为了引领柠檬水式生活。这只是过上更美满的生活的一个开端。

你可以向任何人学习,甚至包括秉持柠檬式生活态度的人。善变的人缺乏实质性内容,但我们可以欣赏他们"追逐明星"的观点(即使他们是漫不经心的)。爱找借口的人一直不停地抱怨,但他们规避风险的做法可以使他们免受重大损失(即使这会限制他们的上涨潜力)。满足现状的人会陷入熟悉的套路,但我们可以欣赏他们注重稳定的做法(即使他们总是用他人的成功标准来定义自己)。因此,即使你过上了柠檬水式生活,摆脱了柠檬式生活的枷锁,也永远不要错过学习、思考和成长的机会。

1953年5月29日上午11时30分,埃德蒙·希拉里和尼泊尔登山家丹增·诺盖成为有史以来第一次成功登上珠穆朗玛峰峰顶的人[1]。

满足现状的人认为，一旦征服了珠穆朗玛峰，你就到达了巅峰。事实并非如此。征服珠穆朗玛峰后，希拉里又乘坐牵引车到过南极，驾驶摩托艇沿恒河行驶了1500英里，并曾和宇航员尼尔·阿姆斯特朗一起去过北极。

勇敢的颠覆者不会爬到山顶就宣布一切结束。

他们还会继续攀登。

他们还会继续保持勇敢之心。

他们还会不断到达新的巅峰。

这是属于你的全新的生活方式。

当你到达巅峰时，要继续寻找下一个巅峰。

而且永远不要忘记找时间喝一杯清凉的柠檬水。

问题讨论

1. 柠檬水式生活对你来说意味着什么？你该如何将其原则应用到你的生活、工作、人际关系和人生观中去？

2. 以下5个开关中，哪一个最能让你产生共鸣？

P代表观点：改变观点，以改变你的可能性。

R代表风险：了解风险所带来的回报，以便做出更好的选择。

I代表独立：消除从众心理，以获得选择的自由。

S代表自我意识：控制自己，以便控制自己的生活。

M代表行动：制作柠檬水，以改变自己的处境。

3. 为什么勇敢的颠覆者能够蓬勃发展？你了解了他们的特点后，该如何汲取并将其应用到自己的生活、家庭和工作中去？

4. 柠檬水式生活就是要按照自己的方式，过上拥有目标和可能性的生活。在生活中创造目标和可能性对你来说意味着什么？

5. 你相信成功会带来幸福，还是幸福会带来成功的说法呢？两者都是正确的吗？

6. 你最喜欢的晨间作息习惯是什么？如果没有，那读完本书后，你是否更愿意培养一个呢？你会选择哪种晨间作息习惯？

7. 你在工作中遇到过蠢人金字塔吗？它是如何影响你所在公司的士气和文化的？如果高层领导团队不扭转这种局面，那么你会采取或能够采取哪些积极的措施来加以应对？

8. 你以前曾遇到过百万富翁迈克这样的人吗？你觉得人们为什么会做同辈攀比？什么是杜绝同辈攀比的最有效的方法？

9. 你认为你所在工作团队的成员有举起手和放下脚的自由吗？你所在公司的领导鼓励观点创新和问题探讨吗？如果不是，那么你是如何营造更加开放的氛围的？

10. 你认为人们对企业家最大的误解是什么？你认为秉持柠檬水式生活态度的人和秉持柠檬式生活态度的人对风险和独立的理解有何不同？

11. 为什么秉持柠檬式生活态度的人最终无法找到最好的自我？为什么秉持柠檬水式生活态度的人能够让自己过上拥有明确的目标和可能性的生活？

12. 你曾发现过自己掉在"我不能"的陷阱中吗？它是如何影响你的工作和家庭生活的？阻碍你进步的最大障碍是什么？你认为破除它的最佳策略是什么？

13. 你上次经营你的狼群是在什么时候？你想让哪些类型的人加入自己的狼群中来？

14. 模式在我们的生活中扮演着重要角色。你是如何利用模式的力量来推动自己实现目标的？

15. 本书讨论了好几种可以在生活中创造快乐的简单方法。你喜欢哪些方法？如果让你选择一种应用到你的日常生活中去，那么你会选择哪一种？

16. 你的世界七大奇迹是什么？为什么说每天早上写感恩日记能够帮助你提升幸福感？

17. 根据你对"付出—回报"关系的理解，为了有所获得，你愿意放弃哪些东西？

18. 本书强调了拥有生活目标，以及理解事物背后原因的重要性。为什么你认为拥有基本的人生使命至关重要？你的生活目标是什么？

19. 正如我们从吸管的演变中学到的那样，改变是需要时间的。你认为改变管理方式最重要的因素是什么？技术在其中起什么作用？企业领导人应该如何激发员工、客户、股东及其他利益相关者的购买热情？

20. 你从本书中学到了哪个积极习惯或行为，并打算将它融入你的日常生活中去？你准备采取哪些积极行动确保它成为你日常生活习惯的一部分？

21. 你该如何将5X法则应用到工作和生活中去？

22. 为什么要事事较真，以及学会说"不"如此重要？你能举出一个在职业生涯中通过实践这些原则为你带来帮助的例子吗？你将如何进一步应用这些原则？

鸣 谢

谢谢，谢谢，谢谢……

我内心充满了感激之情。

首先，也是最重要的，谢谢你们阅读我的书。你现在可以做很多事情，我很感激你舍得在这上面投入时间。我希望这本书能够激励你在生活中找到更多幸福、荣耀，以及获得更大的成功。

其次，虽说封面上印有我的名字，但若没有许多有才华的人在幕后辛勤劳作，这本书就不可能出版，因此我要感谢所有人的努力。

感谢我的文稿经纪人吉尔·马萨尔，谢谢你的直言不讳、诚实的反馈和深刻的见解。谢谢你！

感谢哈珀柯林斯出版社的极好的合作伙伴们。感谢布赖恩·汉普顿和杰夫·詹姆斯，谢谢你们分享我对《柠檬水式生活》一书的愿景，感谢你们的信任。感谢整个哈珀柯林斯领导团队，尤其是海勒姆·森特诺、西西里·阿克斯顿、凯西·约翰逊，以及其他很多人，感谢你们的友谊、活力、激情和对《柠檬水式生活》的承诺。

感谢我的天才编辑蒂姆·布加德和阿曼达·鲍赫，如果没有你们的不懈努力和耐心，这本书就不会出版。感谢你们的指导、训诫，以及对这本书投入的专注和积极性。

感谢贝琳达·巴斯醒目的封面设计，以及马洛里·柯林斯漂亮的文内设计。

感谢整个团队和"制作柠檬水"公司的合作伙伴们，感谢你们激励人们过上更美好的财经生活。感谢你们对于简化个人理财的无止境的承诺。对于我们所要服务的人们，我要谢谢你们的大力支持，希望我们的努力能够让你们的生活过得一天比一天更加美好。

感谢《福布斯》杂志的专家们，特别是兰德尔·莱恩、珍妮特·诺瓦克、哈拉·图亚莱、克里斯廷·斯托勒、凯利·厄尔布、乔恩·庞西亚诺，以及其他福布斯团队成员。与你们一起工作，我感到十分荣幸。

感谢莉比·凯恩和极棒的《商业内幕》团队。

感谢朋友和家人对我的爱。感谢父母斯图尔特和朱迪·弗里德曼对我的养育之恩,是你们让我懂得了读书和写作的重要性。感谢弟弟乔希的幽默和真挚友谊。感谢我的亲家拉里和巴布尔·金的支持,感谢我的另一个小弟弟丹尼·金。感谢慈爱的祖父母,我知道此刻你们在欣慰地微笑。

这些年来,我有幸结识了许多真诚的朋友,感谢你们多年来对我的鼓舞和激励。从贝弗利到哈佛,再到沃顿商学院,在此之前和之间,衷心感谢你们给予我的友谊。你们对自己都有着清醒的认识。我从你们身上学到了很多东西。

感谢美国有线电视新闻网(CNN)和头条新闻台(HLN)的全明星团队。尤其感谢斯科特·沃伦、戴维·西夫、塞林·达卡尔斯塔尼安、温迪·温林斯基,以及整个米夏埃拉团队。我要对米夏埃拉·佩雷拉说:你是一个真诚、诚实、富有同情心和才华横溢的人。

感谢哈里沃克公司(Harry Walker Agency)的团队,我的发言人办公室,感谢你们的支持。

感谢我的妻子萨拉,你是我最好的朋友和灵感源泉。你的耐心、支持和善良是无可替代的。你是这个世界上向善向美的积极力量。有你做我的妻子,我感到荣幸。谢谢你给予我的恩惠，我爱你。感谢查利和德鲁，你们是我生命中的阳光，把我的每一天都照亮。你们走到哪里，就把快乐带到哪里，尤其是家里。做你们的爸爸，我感到十分幸运。我爱你们。

幸运的是，从小学到商学院，我一直师从一些了不起的老师。感谢所有的老师每天为我付出的一切，感谢你们灌输给我的学习热情。我要特别感谢艾拉·莫斯科、吉尔·坎宁安、迈克·巴特科斯基、比尔·希亚特、查克·克勒斯、埃德·曼德尔、乔·库珀、乔尔·格罗斯曼、小米尔顿·卡明斯等。感谢我的高中报社顾问、已故的吉尔·切斯顿为我提供机会。

感谢戴维·格根——这些年来，你在哈佛大学教授的领导力课程一直激励着我。你那充满智慧的话语一直回响在我耳畔。感谢迈克尔·瓦尔德曼，你在哈佛大学教授的演讲稿写作课程磨炼了我的写作能力。感谢已故的特德·索伦森同我们分享你讲故事和写作的经验（以及肯尼迪的故事）。

感谢彼得·马尔金的友谊、指导和雅量。

感谢圣帕特里克大教堂牧师罗伯特·T.里奇的智慧和指导。

许多作者是真实而有目的地进行写作的，我钦佩你们的工作和影响。在此特别感谢西蒙·西内克、布勒内·布朗、格蕾琴·鲁宾、丹·平克、金·斯科特、加里·维纳查克、塞斯·戈丁、亚当·格兰特、苏珊·凯恩、马尔科姆·格拉德威尔、肖恩·埃科尔，以及马歇尔·戈德史密斯。

感谢每一个曾经对我说"不"的人——它并没有起作用。

感谢你们将《柠檬水式生活》一书的信息传播给世界各地的读者。你们的努力为世人带来了更多的幸福。

感谢你们同你们的爱人、朋友或同事分享这本书，并让他们从中受到一些启发，谢谢你们。热切期待结识来自世界各地的新朋友，欢迎你们。

纽约

2019年3月

注 释

引 言

1. Robert W. Wood, "Lunch with Warren Buffett Cost $3.45M, but You Can Write It Off on Your Taxes," *Forbes*, June 11, 2016, https://www.forbes.com/sites/robertwood/2016/06/11/ lunch-with-warren-buffett-costs-3-45m-but-you-can-write-it- off-on-your-taxes.

2. Patricia Sellers, "Warren Buffett's Secret to Staying Young: 'I Eat Like a Six-Year-Old,'" *Fortune*, May 12, 2017, http:// fortune.com/2015/02/25/warren-buffett-diet-coke/.

3. Benjamin Graham and David L. Dodd,*Security Analysis*, 6th ed. (New York: McGraw-Hill Education, 2008), XI - XII .

4. Nathaniel Lee, "Warren Buffett Lives in a Modest House That's Worth .001% of His Total Wealth—Here's What It Looks Like," *Business Insider*, December 4, 2017, http://www. businessinsider.com/warren-buffett-modest-home-bought-31500-looks-2017-6.

Chapter 2 来认识一下秉持柠檬式生活态度的人们

1. Abigail Hess, "10 Ultra-Successful Millionaire and Billionaire College Dropouts," CNBC, May 10, 2017, https://www. cnbc.com/2017/05/10/10-ultra-successful-millionaire-and-billionaire-college-dropouts.html.

2. Daniel Kahneman and Amos Tversky, "Choices,Values,and Frames," *American Psychologist* 39, no. 4 (January 1984): 341-50, http://dx.doi.org/10.1037/0003-066X.39.4.341.

3. Dan Herman, "Introducing Short-Term Brands: A New Branding Tool for a New Consumer Reality," *Journal of Brand Management* 7, no. 5(2000): 330-40: http://doi:10.1057/bm.2000.23; and *The Harbus*, "Social Theory at HBS: McGinnis' Two FOs," May 10, 2014, http://www.harbus.org/2004/social-theory-at-hbs-2749/.

Chapter 3 当生活赐予你柠檬时，你该怎么做

1. "Eat a Live Frog Every Morning, and Nothing Worse Will Happen to You the Rest of the Day," Quote Investigator, April 3, 2013, https://quoteinvestigator.com/2013/04/03/eat-frog/.

2. Francesca Gino and Bradley Staats, "Your Desire to Get Things Done Can Undermine Your Effectiveness," *Harvard Business Review*, March 22, 2016, https://hbr.org/2016/03/your-desire-to-get-things-done-can-undermine-your-effectiveness.

3. Kevan Lee, "The Morning Routines of the Most Successful

People," *Fast Company*, July 30, 2014, https://www.fastcompany.com/3033652/the-morning-routines-of-the-most-successful-people.

4. Lee, "Morning Routines."

5. Toshimasa Sone et al., "Sense of Life Worth Living (*Ikigai*) and Mortality in Japan:Ohsaki Study," *Psychosomatic Medicine* 70, no. 6 (2008):709-15,https://doi:10.1097/PSY.0b013e31817e7e64.

6. Karen M. Grewen etal., "Warm Partner Contact Is Related to Lower Cardiovascular Reactivity," *Behavioral Medicine* 29, no. 3 (2003): 123-30, https://doi.org/10.1080/08964280309596065; Harland Sanders, *Col. Harland Sanders: The Autobiography of the Original Celebrity Chef* (KFC Corporation: Louisville, 2012).

7. Robert A. Emmons and Michael E. McCullough, "Counting Blessings Versus Burdens: An Experimental Investigation of Gratitude and Subjective Well-Being in Daily Life," *Journal* *of Personality and Social Psychology* 84, no. 2 (2003): 377-89, https://greatergood.berkeley.edu/images/application_uploads/ Emmons-CountingBlessings.pdf.

8. Jessica Stillman, "You Can Supercharge Your Happiness with This Simple Gratitude Practice, Science Says," *Inc.com*, April 6, 2017, https://www.inc.com/jessica-stillman/you-can-supercharge-your-happiness-with-this-simple-gratitude-practice-science-s.html.

9. Betsy Mikel, "The Best-Kept Secret to Writing Short, Meaningful Thank-You Notes," *Inc.com*, July 27, 2018, https://www.inc.com/betsy-mikel/do-you-really-need-to-send-a-thank-you-note-heres-what-science-has-to-say.html.

10. Amit Kumar and Nicholas Epley, "Undervaluing Gratitude: Expressers Misunderstand the Consequences of Showing Appreciation," *Psychological Science* 29, no. 9 (September 1, 2018): 1423-35,https://doi.org/10.1177/0956797618772506.

11. Brenda H. O'Connell, Deirdre O'Shea, and Stephen

Gallagher, "Feeling Thanks and Saying Thanks: A Randomized Controlled Trial Examining If and How Socially Oriented Gratitude Journals Work," *Journal of Clinical Psychology* 73, no. 10 (March 6, 2017): 1280-1300, https://doi.org/10.1002/jclp.22469.

12. Kira M. Newman, "How to Upgrade Your Gratitude Practice," *Greater Good Magazine*, April 4, 2017, https://greatergood.berkeley.edu/article/item/how_to_upgrade_your_gratitude_practice.

13. Rollin McCraty et al., "The Impact of a New Emotional Self-Management Program on Stress, Emotions, Heart Rate Variability, DHEA and Cortisol," *Integrative Physiological and Behavioral Science*33, no. 2 (1998): 151-70, https://doi.org/10.1007/BF02688660; Fuschia M.Sirois and Alex M. Wood, "Gratitude Uniquely Predicts Lower Depression in Chronic Illness Populations: A Longitudinal Study of Inflammatory Bowel Disease and Arthritis," *Health Psychology* 36, no. 2 (2016): 122-32, https://doi.org/10.1037/hea0000436; Marta Jackowska et al., "The Impact of a Brief

Gratitude Intervention on Subjective Well-Being, Biology, and Sleep," *Journal of Health Psychology* 21, no. 10 (2016): 2207-17, https://doi.org/10.1177/1359105315572455; Randolph Wolf Shipon, "Gratitude: Effect on Perspectivesand Blood Pressure of Inner-City African-American Hypertensive Patients," *Dissertation Abstracts International: Section B: The Sciences and Engineering* 68,no. 3-B (2007): 1977; Laura S. Redwine et al., " Pilot Randomized Study of a Gratitude Journaling Intervention on HRV and Inflammatory Biomarkers in Stage B Heart Failure Patients," *Psychosomatic Medicine* 78, no. 6 (2016):667-76, https://insights.ovid.com/crossref?an=00006842-201607000-00005; and Alex M. Wood et al., "Gratitude Influences Sleep Through the Mechanism of Pre-Sleep Cognitions," *Journal of Psychosomatic Research* 66, no. 1 (2009):43-8, https://doi.org/10.1016/j.jpsychores.2008.09.002.

14. "Gratitude Is Good Medicine," UC Davis Health Medical Center, November 25, 2015, https://health.ucdavis.edu/

medicalcenter/features/2015-2016/11/20151125_gratitude. html.

15. "Steve Jobs' 2005 Stanford Commencement Address," YouTube video, posted by Stanford, March 7, 2008, https:// www.youtube.com/watch?v=UF8uR6Z6KLc; and Stanford Report,quoting Steve Jobs, "'You've Got to Find What You Love,' Jobs Says," *Stanford News*, June 14, 2005, https:// news.stanford.edu/news/2005/june15/jobs-061505.html.

16. 多位心理学家、神经学家及其他人对幸福进行了研究。心理学家、作家兼教育家马丁·E.P.塞利格曼是著名的积极心理学教父，他与同事一起研究并撰写了大量有关幸福、康乐、积极心理学，以及习得性无助等方面的文章。

17. Shawn Achor, *The Happiness Advantage*(New York: Crown, 2010), 3-4.

18. Dan Schawbel, "Shawn Achor: What You Need to Do Before Experiencing Happiness," *Forbes*, September 10, 2013, https://www.forbes.com/sites/danschawbel/2013/09/10/

shawn-achor-what-you-need-to-do-before-experiencing-happiness.

19. Schawbel, "Shawn Achor."

20. Kathy Caprino, "How Happiness Directly Impacts Your Success," *Forbes*, June 6, 2013, https://www.forbes.com/sites/kathycaprino/2013/06/06/how-happiness-directly-impacts-your-success.

21. Sonja Lyubomirsky, Laura King, and Ed Diener, "The Benefits of Frequent Positive Affect: Does Happiness Lead to Success?" *Psychological Bulletin* 131, no. 6 (2005): 803-55, https://doi.org/10.1037/0033-2909.131.6.803.

22. Julia K. Boehm and Sonja Lyubomirsky, "Does Happiness Promote Career Success?" *Journal of Career Assessment* 16, no. 1(2008): 101-16, https://doi.org/10.1177/1069072707308140.

23. Lisa C. Walsh, Julia K. Boehm, and Sonja Lyubomirsky, "Does Happiness Promote Career Success? Revisiting the

Evidence," *Journal of Career Assessment* 26, no. 2 (2018): 199-219, https://doi.org/10.1177/1069072717751441.

24. For more on happiness and life satisfaction, see Christopher Peterson, Nansook Park, and Martin E. P.Seligman, "Orientations to Happiness and Life Satisfaction: The Full Life Versus the Empty Life," *Journal of Happiness Studies* 6, no. 1 (2005): 25-41, https://doi.org/10.1007/s10902-004-1278-z; and Sonja Lyubomirsky, Kennon M.Sheldon, and Schkade, "Pursuing Happiness: The Architecture of Sustainable Change," *Review of General Psychology* 9, no. 2 (2005): 111-31, http://dx.doi.org/10.1037/1089-2680.9.2.111.

25. 此研究以塞里格曼、阿克尔、柳博儿斯基、金、迪内及其他人的研究为基础，旨在表明幸福系由成功带来，而传统的成功-幸福模型是不完整或落后的。秉持柠檬水式生活的人们相信，幸福始自当下，且通过拥抱幸福，他们会在生活中创造出积极的成果。

26. Tara L. Kraft and Sarah D. Pressman, "Grin and Bear It: The Influence of Manipulated Facial Expression on the Stress

Response," *Psychological Science* 23, no. 11 (2012): 1372-78, https://doi.org/10.1177/0956797612445312.

27. Joshua J. Mark, "The Seven Wonders," *Ancient History Encyclopedia*, September 2, 2009, https://www.ancient.eu/The_Seven_Wonders/.

28. Robert A.Emmons and Cheryl A. Crumpler, "Gratitude as a Human Strength: Appraising the Evidence," *Journal of Social and Clinical Psychology* 19, no. 1 (2000): 56-69,https://doi.org/10.1521/jscp.2000.19.1.56.

29. Amit Kumar, Matthew A. Killingsworth, and Thomas Gilovich, "Waiting for Merlot Anticipatory Consumptionof Experiential and Material Purchases," *Psychological Science* 25, no. 10(2014):1924-31, https://doi.org/10.1177/0956797614546556.

30. Keiko Atake et al., "Happy People Become Happier Through Kindness: A Counting Kindness Intervention," *Journal of Happiness Studies* 7, no. 3 (2006): 361-65, https://doi.

org/10.1007/s10902-005-3650-z.

31. Elizabeth W. Dunn, Lara B. Aknin, and Michael I. Norton, "Spending Money on Others Promotes Happiness," *Science* 319, no. 5870 (2008):1687-88, http://science.sciencemag.org/content/319/5870/1687.

32. Ed O'Brien and Samantha Kassirer, "People Are Slow to Adapt to the Warm Glow of Giving," *Psychological Science*, 2018, https://doi.org/10.1177/0956797618814145.

33. O'Brien and Kassirer, "People Are Slow to Adapt."

34. O'Brien and Kassirer, "People Are Slow to Adapt."

35. Dolly Parton, "Letter from Dolly," Imagination Library, https://imaginationlibrary.com/letter-from-dolly/.

36. Maureen Pao, "Dolly Parton Gives the Gift of Literacy: A Library of 100 Million Books," nprED, March 1, 2018, https://www.npr.org/sections/ed/2018/03/01/589912466/dolly-parton-gives-the-gift-of-literacy-a-library-of-100-

million-books.

Chapter 4 逃离"不能"的陷阱

1. Aimee Groth, "You're the Average of the Five People You Spend the Most Time With," *Business Insider*, July 24, 2012, http://www.businessinsider.com/jim-rohn-youre-the-average-of-the-five-people-you-spend-the-most-time-with-2012-7.

2. Sigal G. Barsade, "The Ripple Effect: Emotional Contagion and Its Influence on Group Behavior," *Administrative Science Quarterly* 47, no. 4 (2002): 644-75, http://dx.doi.org/10.2139/ssrn.250894.

3. Julianne Holt-Lunstad, Timothy B. Smith, and J. Bradley Layton, "Social Relationships and Mortality Risk: A Meta-Analytic Review," *PLOS Medicine* 7, no. 7 (2010): e1000316, https://doi.org/10.1371/journal.pmed.1000316.

4. Katherine Harmon, "Social Ties Boost Survival by 50 Percent,"

Scientific American, July 28, 2010, https://www.scientifica-merican.com/article/relationships-boost-survival/.

5. Erin Hutkin, "Unhealthy Relationships Cause Unhealthy Bodies," *San Diego Union-Tribune*, September 23, 2014, https://www.sandiegoun-iontribune.com/news/health/sdut-unhealthy-relationships-unhealthy-bodies-2014sep23-htmlstory.html; and Theresa Tamkins, "Unhappily Ever After: Why Bad Marriages Hurt Women's Health," CNN, March 6, 2009, http://www.cnn.com/2009/HEALTH/03/06/marriage.women.heart/index.html.

6. "What Oprah Learned from Jim Carrey," Oprah's Life Class/Oprah Winfrey Network, YouTube video from February 17, 1997 interview, posted October 12, 2011, by OWN, https://www.youtube.com/watch?v=nPU5bjzLZX0.

7. "What Oprah Learned."

8. Richard Natale, "Is Rich and Richer Dumb and Dumber?: Movies: Jim Carrey's $20-Million Fee for 'The Cable Guy'

Alarms Some in the Industry, While His Managers Call It a 'Genius' Move by Sony," *Los Angeles Times*, June 22, 1995, http://articles.latimes.com/1995-06-22/entertainment/ca-15726_1_jim-carrey.

9. Nadia Goodman, "James Dyson on Using Failure to Drive Success," *Entrepreneur*, November 5, 2012, https://www.entrepreneur.com/article/224855.

10. Madison Malone-Kircher, "James Dyson on 5,126 Vacuums That Didn't Work—and the One That Finally Did," *New York*, November 22, 2016, http://nymag.com/vindicated/2016/11/james-dyson-on-5-26-vacuums-that-didnt-work-and-1-that-did.html.

11. Nicholas Graves, "1945: Sam Walton Buys His First Store," The Walmart Digital Museum, https://walmartmuseum.auth.cap-hosting.com/blog/1945_sam_walton_buys_his_first_store/.

12. Samuel Moore Walton with John Huey, *Sam Walton: Made in*

America (New York: Doubleday, 1992).

13. Sandra S. Vance and Roy V. Scott, *Wal-Mart: A History of Sam Walton's Retail Phenomenon*, Twayne's Evolution of Modern Business Series, no. 11 (New York: Twayne, 1994),11-12.

14. Richard S. Tedlow, *Giants of Enterprise: Seven Business Innovators and the Empires They Built* (New York: HarperBusiness, 2001), 315-86.

15. Tedlow, *Giants of Enterprise*, 335.

Chapter 5 拥抱风险所带来的回报

1. Alana Horowitz, "The Unknown Geniuses Behind 10 of the Most Useful Inventions Ever," *Business Insider*, March 3, 2011, http://www.businessinsider.com/ten-inventions-you-never-knew-had-inventors-2011-3.

2. "Ermal Fraze," Ohio History Central, http://www.ohiohistorycentral.org/w/Ermal_Fraze; "Ermal Fraze," Lemelson-MIT, https://lemelson.mit.edu/resources/ermal-fraze.

3. "Our History," Just Born website, accessed March 1, 2019, https://www.justborn.com/who-we-are/our-history.

4. Pagan Kennedy, "Who Made That Built-In Eraser?" *New York Times*, September 13, 2013, https://www.nytimes.com/2013/09/15/magazine/who-made-that-built-in-eraser.html.

5. Reckendorfer v. Faber, 92 U.S.347 (1875).

6. "About Us," Brannock website, https://brannock.com/pages/about-us.

7. "Bette Nesmith Graham," Lemelson-MIT, https://lemelson.mit.edu/resources/bette-nesmith-graham.

Chapter 6 你的事业成败取决于两个希腊字母

1. "Jack Ma's Interview with Charlie Rose, 2015," World Economic Forum, YouTube video, posted by Alibaba Group, January 28,2015, https://www.youtube.com/watch?v=LWgwApN_Ef8.

2. Calum MacLeod, "Alibaba's Jack Ma: From 'Crazy' to China's Richest Man," *USA Today*, September 17, 2004, https://www.usatoday.com/story/tech/2014/09/17/alibaba-jack-ma-profile/15406641/; and Jillian D'Onfro, "How Jack Ma Went from Being a Poor School Teacher to Turning Alibaba into a \$168 Billion Behemoth," *Business Insider*, May 7, 2014, http://www.businessinsider.com/jack-ma-founder-alibaba-2014-5.

3. "Don Fisher, 1928-2009," Gap website, http://www.gapinc.com/content/dam/gapincsite/documents/DonFisher_Bio.pdf; and "Doris and Donald Fisher," California Museum, accessed March 1, 2019, http://www.californiamuseum.org/inductee/doris-donald-fisher.

4. Deirdre Carmody, "A Philanthropist Leaves His Mark," *New York Times*, August 8, 1982, http://www.nytimes.com/1982/08/09/nyregion/a-philanthropist-leaves-his-mark.html; and Alfonso A. Narvaez, "Lawrence A. Wien, 83, Is Dead; and Lawyer Gave Millions to Charity," *New York Times*, December 12, 1988, http://www.nytimes.com/1988/12/12/obituaries/lawrence-a-wien-83-is-dead-lawyer-gave-millions-to-charity.html.

5. Robert F. Hurley, "The Decision to Trust," *Harvard Business Review*, September 2006, https://hbr.org/2006/09/the-decision-to-trust.

6. Shannon G. Taylor et al., "Does Having a Bad Boss Make You More Likely to Be One Yourself?" *Harvard Business Review*, January 23, 2019, https://hbr.org/2019/01/does-having-a-bad-boss-make-you-more-likely-to-be-one-yourself.

7. Michael Housman and Dylan Minor, "Toxic Workers," Working Paper 16-057, *Harvard Business School*, 2015, https://news.harvard.edu/wp-content/uploads/2015/11/16-057_

d45c0b4f-fa19-49de-8f1b-4b12fe054fea.pdf.

8. Christine Porath and Christine Pearson, "The Price of Incivility," *Harvard Business Review*, January-February 2013, https://hbr.org/2013/01/the-price-of-incivility.

9. Richard Nixon, "President Richard Nixon's Final Remarks at The White House" (speech, Washington, DC, August 9, 1974), CNN, http://www.cnn.com/ALLPOLITICS/1997/gen/resources/watergate/nixon.farewell.htm.

10. Monique Valcour, "Make Your Work More Meaning-ful," *Harvard Business Review*, August 16, 2013, https://hbr.org/2013/08/make-your-work-more-meaningful.

11. Kelli B. Grant, "*Hamilton* Tony Nods May Make Getting Tix Even Harder," CNBC, May 2, 2016, https://www.cnbc.com/2016/05/02/getting-hamilton-tickets-takes-patience-and-money.html.

12. Ali Montag, "Jeff Bezos' First Desk at Amazon Was a Door with Four-by-Fours for Legs—Here's Why It Still Is Today,"

CNBC, January 23, 2018, https://www.cnbc.com/2018/01/23/ jeff-bezos-first-desk-at-amazon-was-made-of-a-wooden-door. html; and Jillian D'Onfro and Eugene Kim, "The Life and Awesomeness of Amazon Founder and CEO Jeff Bezos," CNBC, February 11, 2016, http://www.businessinsider.com/ the-life-of-amazon-founder-ceo-jeff-bezos-2014-7.

13. Brian Chesky, "7 Rejections," Medium, July 12,2015, https:// medium.com/@bchesky/7-rejections-7d894cbaa084.

14. "Kevin O'Leary's Story" (interview on *Dragon's Den*), YouTube video, posted on April 20, 2013, https://www. youtube.com/watch?v=mnCmmHs_XO8.

15. "Kevin O'Leary's Story."

16. Kevin O'Leary, "Shark Tank Investor Kevin O'Leary Explains How a $10,000 Loan from His Mother Helped Him Build a $4 Billion Company," *Business Insider*, April 17, 2015, http://www.businessinsider.com/the-best-money-kevin-oleary-ever-spent-2015-4; and Lawrence M. Fisher,

"Mattel Decides to Put on Sale Software Unit Bought in May," *New York Times*, April 4, 2000, https://www.nytimes.com/2000/04/04/business/mattel-decides-to-put-on-sale-software-unit-bought-in-may.html.

17. Catherine Clifford, "Shark Tank Star Kevin O'Leary: There's 'Not a Chance in Hell' I Will Invest in Your Start-Up If You Still Have a Day Job," CNBC, June 15, 2017, https://www.cnbc.com/2017/06/15/shark-tank-star-kevin-oleary-wont-invest-in-founders-with-day-jobs.html.

Chapter 7　如何在1小时内赚110 237美元

1. Gary Everding, "Children's Learning to Spell, Read Aided by Pattern Recognition, Use," The Source, Washington University in St. Louis, April 25, 2003, https://source.wustl.edu/2003/04/children-learning-to-spell-read-aided-by-pattern-recognition-use/.

2. Evan Kidd and Joanne Arciuli, "Individual Differences in

Statistical Learning Predict Children's Comprehension of Syntax," *Child Development* 87, no. 1 (2016): 184, https://doi.org/10.1111/cdev.12461.

3. Mark P. Matson, "Superior Pattern Processing Is the Essence of the Evolved Human Brain," *Frontiers in Neuroscience* 8, no. 265 (2014), https://doi.org/10.3389/fnins.2014.00265.

4. Knvul Sheikh, "How We Save Face—Researchers Crack the Brain's Facial-Recognition Code," *Scientific American*, June 1, 2017, https://www.scientificamerican.com/article/how-we-save-face-researchers-crack-the-brains-facial-recognition-code/; and R. Jenkins, A. J. Dowsett, and A. M. Burton, "How Many Faces Do People Know?" *Proceedings of the Royal Society B: Biological Sciences* 285, no. 1888 (2018), https://doi.org/10.1098/rspb.2018.1319.

5. Yusef Perwej and Ashish Chaturvedi, "Neural Networks for Handwritten English Alphabet Recognition," *International Journal of Computer Applications* 20, no. 7 (April 2011), https://arxiv.org/ftp/arxiv/papers/1205/1205.3966.pdf.

6. Garin Pirnia, "11 Whammy-Free Facts About *Press Your Luck*," *Mental Floss*, September 26, 2016, http://mentalfloss. com/article/76656/11-whammy-free-facts-about-press-your-luck.

7. "*Press Your Luck*," IMDB, accessed March 1, 2019, https:// www.imdb.com/title/tt0136655/.

8. "*Press Your Luck.*"

9. *Big Bucks: The Press Your Luck Scandal*, television documentary, directed by James P. Taylor Jr. (Los Angeles, CA: GSN, 2003); Zachary Crockett, "The Man Who Got No Whammies," Priceonomics, September 14, 2015, https://priceonomics.com/ the-man-who-got-no-whammies/; and Chris Higgins, "The Man Who Pressed His Luck . . . and Won," *Mental Floss*, May 7, 2013, http://mentalfloss.com/article/28588/man-who-pressed-his-luckand-won; "*Press Your Luck* Michael Larson Parts 1 & 2 (Full Credits)," broadcasted by KTXH-DT 20, July 31, 2016, video posted by Jordan Baker, August 1, 2016, https://www.youtube.com/watch?v=WltjaxiowW4.

10. Kyle S. Smith and Ann M.Graybiel, "Habit Forma-
    tion," *Dialogues in Clinical Neuroscience* 18, no. 1
    (2016): 33-43, https://www.ncbi.nlm.nih.gov/pmc/articles/
    PMC4826769/.

11. Kyle S. Smith et al., "Reversible Online Control of Habitual
    Behavior by Optogenetic Perturbation of Medial Prefrontal
    Cortex," *Proceedings of the National Academy of Sciences*
    109, no. 46(2012): 18932-37, https://doi.org/10.1073/
    pnas.1216264109.

12. Charles Duhigg, *The Power of Habit: Why We Do What We
    Do In Life* (New York: Random House, 2012).

13. Robert Taibbi, "How to Break Bad Habits," *Psychology
    Today*, December 15, 2017, https://www.psychologytoday.
    com/us/blog/fixing-families/201712/how-break-bad-habits.

14. William James, *The Principles of Psychology*,vol. 1 (New
    York: Cosimo, 1890).

15. "Judge Judy's Bio," Judge Judy website, accessed March 1, 2019, http://www.judgejudy.com/bios.

16. Solomon E. Asch, "Studies of Independence and Conformity: I. A Minority of One Against a Unanimous Majority," *Psychological Monographs: General and Applied* 70, no. 9 (1956): 1-70, http://dx.doi.org/10.1037/h0093718; Solomon E. Asch, "Opinions and Social Pressure," *Scientific American* 193, no. 5 (1955): 31-5, http://dx.doi.org/10.1038/scientificamerican1155-31; and Saul McLeod, "Solomon Asch—Conformity Experiment," *Simply Psychology*, updated December 28, 2018, https://www.simplypsychology.org/asch-conformity.html.

17. McLeod, "Solomon Asch."

18. Erin L. Mead et al., "Understanding the Sources of Normative Influence on Behavior: The Example of Tobacco," *Social Science & Medicine* 115 (2014): 139-43, https://doi.org/10.1016/j.socscimed.2014.05.030.

19. Morton Deutsch and Harold B. Gerard, "A Study of Normative and Informational Social Influences upon Individual Judgment," *Journal of Abnormal and Social Psychology* 51, no. 3 (1955): 629-36, http://dx.doi.org/10.1037/h0046408.

20. *12 Angry Men*, film, directed by Sidney Lumet (Los Angeles, CA: United Artists, 1957).

21. James R. Detert, "Cultivating Everyday Courage," *Harvard Business Review*, November-December 2018, https://hbr.org/2018/11/cultivating-everyday-courage.

22. Detert, "Cultivating Everyday Courage."

23. Thorstein Veblen, *The Theory of the Leisure Class: An Economic Study of Institutions* (New York: Macmillan, 1899).

24. William Safire, "On Language; Up the Down Ladder," *New York Times Magazine*, November 15,1998, https://www.nytimes.com/1998/11/15/magazine/on-language-up-the-down-ladder.html.

25. Don Markstein, "Keeping Up with the Joneses," Toonopedia, 2002, http://www.toonopedia.com/joneses.htm.

26. Don Markstein, "Little Orphan Annie," Toonopedia, http://www.toonopedia.com/annie.htm.

27. Mihaly Csikszentmihalyi, "If We Are So Rich, Why Aren't We Happy?" *American Psychologist* 54, no. 10 (1999): 821-27, http://dx.doi.org/10.1037/0003-066X.54.10.821.

Chapter 8　要事事较真

1. "Historical Facts," Harvard University, accessed March 1, 2019, https://www.harvard.edu/about-harvard/harvard-glance/history/historical-facts.

2. "The 3 Lies of Harvard," Harvard University, accessed March 1, 2019, https://www.summer.harvard.edu/inside-summer/3-lies-harvard.

3. "University Rankings: World's Top 20 Universities,"

Telegraph, June 23, 2017, https://www.telegraph.co.uk/ education/0/revealed-worlds-top-20-universities.

4. Jennifer Tomase, "Tale of John Harvard's Surviving Book," *Harvard Gazette*, November 1, 2007, https://news. harvard.edu/gazette/story/2007/11/tale-of-john-harvards- surviving-book/.

5. Tomase, "Tale of John Harvard's."

6. Sebastian Smee, "Before He Sculped Lincoln," *Boston Globe*, October 27, 2016, https://www.bostonglobe. com/arts/art/2016/10/26/before-sculpted-lincoln/Op5d- JrjLt0RdQRVkPc0TsJ/story.html.

7. F. Diane Barth, "Don't Take It Personally," *Psychology Today*, July 3, 2010, https://www.psychologytoday.com/us/blog/the- couch/201007/dont-take-it-personally.

8. Michael Jinkins, "The Mirror Test," Louisville Seminary, May 27, 2014, http://www.lpts.edu/about/our-leadership/president/ thinking-out-loud/thinking-out-loud/2014/05/27/the-mirror-

test (page no longer available).

9. Bill Taylor, "How Domino's Pizza Reinvented Itself," *Harvard Business Review*, November 28, 2016, https://hbr.org/2016/11/how-dominos-pizza-reinvented-itself.

10. Adam Sternbergh, "The Art of the Apology Ad," *New Republic*, August 3, 2010, https://newrepublic.com/article/76719/art-apology-ad-bp-toyota-dominos.

11. Paul Farhi, "Behind Domino's Mea Culpa Ad Campaign," *Washington Post*, January 13, 2010.

12. Albert Humphrey, "SWOT Analysis for Management Consulting," *SRI Alumni Newsletter*, 7-8, 2005.

13. Peter F. Drucker, "On Managing Oneself," in *HBR's 10 Must Reads On Managing Yourself* (Cambridge: Harvard Business School Press, 2010), 13-32.

14. Drucker, "On Managing Oneself"; and Joe Maciariello, "Joe's Journal: Feedback Through the Ages," Drucker

Institute, January 31, 2012, http://www.druckerinstitute.
com/2012/01/feedback-through-the-ages/.

15. Mindy Fetterman, "Seeking a Quiet Place in a Nation of
    Noise," *The Pew Charitable Trusts* (blog), April 16, 2018,
    http://www.pewtrusts.org/en/research-and-analysis/blogs/
    stateline/2018/04/16/seeking-a-quiet-place-in-a-nation-of-
    noise.

16. Fetterman, "Seeking a Quiet Place."

17. Fetterman, "Seeking a Quiet Place."

Chapter 9 学会说"不"

1. Winston Churchill, *My Early Life: A Roving Commission*
   (London: Thornton Butterworth, 1930), 60.

2. Harvey Deutschendorf, "7 Habits of Highly Persistent
   People," *Fast Company*, April 1, 2015, https://www.
   fastcompany.com/3044531/7-habits-of-highly-persistent-

people; Glen Geher, "5 Reasons You Should Never Give Up," *Psychology Today*, March 4, 2015, https://www. psychologytoday.com/us/blog/darwins-subterranean-world/201503/5-reasons-you-should-never-give.

3. Ray Kroc, *Grinding It Out: The Making of McDonald's* (New York: St. Martin's Press, 1977); Eric Pace, "Ray A. Kroc dies at 81; Built McDonald's Chain," *New York Times*, January 5, 1984, https://archive.nytimes.com/www. nytimes.com/learning/general/onthisday/bday/1005.html; and "Ray Kroc," *Entrepreneur*, October 9, 2008, https://www. entrepreneur.com/article/197544.

4. "Our History," McDonald's, accessed March 1, 2019, https:// www.mcdonalds.com/us/en-us/about-us/our-history.html.

5. Annabelle Thorpe, "How to . . . Develop a Can-do Attitude," *Guardian*, May 5, 2001, https://www.theguardian.com/ money/2001/may/05/jobsadvice.careers2.

6. Celia Moore et al., "The Advantage of Being Oneself: The Role of Applicant Self-Verification in Organizational Hiring-Decisions," *Journal of Applied Psychology* 102, no. 11 (2017): 1493-1513, http://dx.doi.org/10.1037/apl0000223.

7. Moore et al., "The Advantage of Being Oneself."

8. Henry Bodkin, "Being Honest About Weaknesses Is Key to Landing Top Jobs, New Study Finds," *Telegraph*, June 22, 2017, https://www.telegraph.co.uk/science/2017/06/22/honest-weaknesses-key-landing-top-jobs-new-study-finds/.

9. Julia Levashina and Michael A. Campion, "Measuring Faking in the Employment Interview: Development and Validationof an Interview Faking Behavior Scale," *Journal of Applied Psychology* 92, no. 6 (2007): 1638-56, https://psycnet.apa.org/doiLanding?doi=10.1037%2F0021-9010.92.6.1638.

10. Tiffany A. Ito et al., "Negative Information Weighs More Heavily on the Brain: The Negativity Bias in Evaluative Categorizations," *Journal of Personality and Social Psychology* 75, no. 4 (1998): 887-900, http://dx.doi.org/10.1037/0022-

3514.75.4.887.

11. Patrick L. Hill and Nicholas A. Turiano, "Purpose in Life as a Predictor of Mortality Across Adulthood," *Psychological Science* 25, no. 7 (2014): 1482-86, https://doi.org/10.1177/0956797614531799.

12. Patrick L. Hill et al., "The Value of a Purposeful Life: Sense of Purpose Predicts Greater Income and Net Worth," *Journal of Research in Personality* 65 (2016): 38-42, https://doi.org/10.1016/j.jrp.2016.07.003.

13. Martin E. P. Seligman, *Authentic Happiness: Using the New Positive Psychology to Realize Your Potential for Lasting Fulfillment* (New York: Free Press, 2002), 249.

Chapter 10 不要制订备份计划

1. Mariana Simoes, "Instant MBA: Always Have a Back Up Plan," *Business Insider*, March 19, 2013, https://www.

businessinsider.com/always-have-a-plan-b-2013-3.

2. Jihae Shin and Katherine L. Milkman, "How Backup Plans Can Harm Goal Pursuit: The Unexpected Downside of Being Prepared for Failure," *Organizational Behavior and Human Decision Processes* 135 (2016): 1-9, https://doi.org/10.1016/j.obhdp.2016.04.003.

3. Katherine Milkman andJihae Shin, "Having a 'Plan B' Can Hurt Your Chances of Success," *Scientific American*, July 19, 2016, https://www.scientificamerican.com/article/having-a-plan-b-can-hurt-your-chances-of-success.

4. "Tyler Perry Biography," Biography.com, updated January 31, 2019, https://www.biography.com/people/tyler-perry-361274.

5. "Tyler Perry Biography"; "The Many Faces of Tyler Perry," CBN, accessed March 1, 2019, http://www1.cbn.com/700club/many-faces-tyler-perry; and "Tyler Perry—Success with Plays," Biography.com, accessed March 1, 2019, https://www.biography.com/video/tyler-perry-success-withplays-14938179730.

6. "'Rocky Isn't Based on Me,' Says Stallone, 'but We Both Went the Distance,'" *New York Times*, November 1, 1976, https://archive.nytimes.com/www.nytimes.com/packages/html/movies/bestpictures/rocky-ar.html; "The Rocky Story by Sly part 1 of 4," interview, YouTube video, posted by Michael Watson, December 8, 2007, https://www.youtube.com/watch?v=PJvPD2u3YBI; Tom Ward, "The Amazing Story of the Making of *Rocky*," *Forbes*, August 29, 2017, https://www.forbes.com/sites/tomward/2017/08/29/the-amazing-story-of-the-making-of-rocky/; Eric Raskin, "'Real Rocky' Wepner Finally Getting Due," ESPN.com, October 25, 2011, http://www.espn.com/boxing/story/_/page/IamChuckWepner/chuck-wepner-recognized-rocky-fame; "The Rocky StoryPart 1 of 9," YouTube video, posted by Michael Watson, January 3, 2012,https://www.youtube.com/watch?v=IAsACXArEc4; and Chris Nashawaty, "How Rocky Nabbed Best Picture," *Entertainment Weekly*, February 19, 2002, http://ew.com/article/2002/02/19/how-rocky-nabbed-best-picture/.

7. United States Naval Academy Public Affairs Office, "History and Traditions of the Herndon Monument Climb," USNA website, accessed March 1, 2019, https://www.usna.edu/PAO/faq_pages/herndon.php.

8. Dan Zak, "The Shirtless Monument Climb at the Naval Academy Is America's Best Spectator Sport," *Washington Post*, May 23,2016, https://www.washingtonpost.com/news/arts-and-entertainment/wp/2016/05/23/the-shirtless-monument-climb-at-the-naval-academy-is-americas-best-spectator-sport/.

9. Jooyoung Park, Lu Fang-Chi, and William Hedgecock, "Relative Effects of Forward and Backward Planning on Goal Pursuit," *Psychological Science* 28, no. 11 (2017): 1620-30, https://doi.org/10.1177/0956797617715510.

10. Steve Jobs, "Business Strategy: Start with Your Customer and Work Backwards to a Product or Service," from Apple World Wide Developers Conference, 1997, video, August 6, 2017, https://www.youtube.com/watch?v=48j493tfO-o.

11. Daniel Lyons, "We Start with the Customer and We Work Backward," *Slate*, December 24, 2009, https://slate.com/news-and-politics/2009/12/jeff-bezos-on-amazon-s-success.html.

Chapter 11 忽视最短距离

1. Robert Tubbs, *What Is a Number? Mathematical Concepts and Their Origins* (Baltimore: Johns Hopkins University Press, 2009), 159-60.

2. Harland Sanders, *Col. Harland Sanders: The Autobiography of the Original Celebrity Chef* (Louisville: KFC Corporation, 2012); and William Whitworth, "Kentucky Fried," *New Yorker*, February 14, 1970, https://www.newyorker.com/magazine/1970/02/14/kentucky-fried.

3. Richard Feloni, "24 People Who Became Highly Successful after Age 40," *Business Insider*, June 23, 2015, http://www.businessinsider.com/24-people-who-became-highlysuccessful-after-age-40-2015-6.

4. Seth Abramovitch, "120 Movies, $13 Billion in Box Office: How Samuel L. Jackson Became Hollywood's Most Bankable Star," *Hollywood Reporter*, January 9, 2019, https://www. hollywoodreporter.com/features/how-samuel-l-jackson-became-hollywoods-bankable-star-1174613.

5. Charles Darwin, *On the Origin of Species* (London: John Murray, 1859).

6. Derek Thompson, "The Amazing History and the Strange Invention of the Bendy Straw," *Atlantic*, November 22, 2011, https://www.theatlantic.com/business/archive/2011/11/the-amazing-history-and-the-strange-invention-of-the-bendy-straw/248923/; Kat Eschner, "Why You Should Appreciate the Invention of the Bendy Straw," Smithsonian.com, September 28, 2017, https://www.smithsonianmag.com/smart-news/why-appreciate-bendy-straw-180965014/; Alexis Madrigal, "Disposable America," Atlantic, June 21, 2018, https://www. theatlantic.com/technology/archive/2018/06/disposableamerica/563204/; Catherine Hollander, "A Brief History of the Straw," Bon Appétit, October 23, 2014, http://www. bonappetit.com/entertaining-style/trends-news/article/history-of-the-straw; and "The Straight Truth about the Flexible Drinking Straw," Lemelson Center for the Study of Invention and Automation, Smithsonian National Museum of American History, June 1, 2002, http://invention.si.edu/straight-truth-about-flexible-drinking-straw.

结 语

1. Dennis McClellan, "Edmund Hillary, First to Climb Mt.Everest, Dies," *Los Angeles Times*, January 11, 2008, http://www.latimes.com/local/obituaries/la-me-hillary11jan11-story.html; "Sir Edmund Hillary: Mountaineer Who Conquered Everest and Devoted His Later Life to the Sherpa People of Nepal," *Independent*, January 12, 2008, https:// www.independent.co.uk/news/obituaries/sir-edmund-hillary-mountaineer-who-conquered-everest-and-devoted-his-later-

life-to-the-sherpa-people-769765.html; Jennifer Latson, "The Low-Profile Pair Who Conquered Everest," *Time*, May 29, 2015, http://time.com/3891554/hillary-norgay-everest-history; "Edmund Hillary," Biography.com, updated February 20, 2016, https://www.biography.com/people/edmund-hillary-9339111; and "Sir Edmund Hillary," Academy of Achievement, last revised February 6, 2019, http://www.achievement.org/achiever/sir-edmund-hillary.

作者简介

扎克·弗里德曼是"制作柠檬水"（Make Lemonade）公司的创始人兼首席执行官。这家领先的个人理财公司旨在让你过上更美好的金融生活。作为一位颇受欢迎的演讲者，他通过深刻的见解鼓舞了数百万名读者，包括1400多万在《福布斯》杂志上读过他的建议的人。在此之前，他曾是一家国际能源公司的首席财务官、一名对冲基金投资者，并曾就职于黑石集团、摩根士丹利和白宫。扎克拥有哈佛大学、沃顿商学院、哥伦比亚大学及约翰霍普金斯大学学位证书，目前与妻子、孩子定居纽约。

网站（Website）：www.zackfriedman.com

推特（Twitter）：@zackafriedman

脸书（Facebook）：/zackafriedman

照片墙（Instagram）：/zackafriedman

"制作柠檬水"公司简介

助你过上更美好的金融生活

WWW.MAKELEMONADE.CO

　　"制作柠檬水"公司是一家领先的个人理财公司，旨在让你过上更美好的金融生活。"制作柠檬水"公司将帮助你通过免费的比较工具、金融内容和产品评论来发现和比较信用卡、学生贷款、个人贷款、投资银行业务及其他方面的最低利率和最佳交易。